Führung und New Work

Holger Deimling

Führung und New Work

Die neue Arbeitswelt souverän managen und gestalten

1. Auflage

Haufe Group
Freiburg · München · Stuttgart

Bibliografische Information der Deutschen Nationalbibliothek

Die Deutsche Nationalbibliothek verzeichnet diese Publikation in der Deutschen Nationalbibliografie; detaillierte bibliografische Daten sind im Internet über http://dnb.dnb.de/ abrufbar.

Print:	ISBN 978-3-648-14723-8	Bestell-Nr. 10592-0001
ePub:	ISBN 978-3-648-14724-5	Bestell-Nr. 10592-0100
ePDF:	ISBN 978-3-648-14725-2	Bestell-Nr. 10592-0150

Holger Deimling
Führung und New Work
1. Auflage, Januar 2021

www.haufe.de
info@haufe.de

Bildnachweis (Cover): © 3rus, Adobe Stock

Produktmanagement: Dr. Bernhard Landkammer

Inhaltsverzeichnis

1 Strukturwandel durch Digitalisierung – Eine neue Zeit bricht an

Die digitale Revolution stellt nicht nur unsere Gesellschaft, sondern mit ihr auch die Wirtschaft vor große Herausforderungen. Einerseits wird der Sozialstaat durch drohende Arbeitsstellenkürzungen gefordert, andererseits öffnen sich neue Möglichkeiten für Menschen, die nicht unbedingt in ein Nine-to-Five-Job-Schema passen.

1.1 Unsere Wirtschaft erfindet sich neu

Damit Unternehmen nicht den Anschluss an die neuen Gegebenheiten der Digitalisierung und der damit eng verbundenen Globalisierung verpassen, müssen sie sich rechtzeitig mit den Themen Arbeit 4.0 und New Work auseinandersetzen. Es sind so gut wie alle Wirtschaftszweige vom Wandel betroffen und – wie die Corona-Krise zeigt – wir stehen alle erst am Beginn. Menschen buchen statt Hotels Airbnb-Unterkünfte, buchen ihre ÖPNV-Tickets und Parkplätze per App und richten ihre Kaufentscheidungen für Produkte und Dienstleistungen vermehrt nach Online-Bewertungen und Vergleichsportalen. Wenn Sie an dieser neuen Entwicklung erfolgreich teilnehmen wollen, setzt dies vermutlich eine Umstellung Ihrer bisherigen Denk- und Handlungsweise voraus. Neue Arbeitsprozesse und vor allem eine neue Denkweise in der Mitarbeiterführung sind essenziell für den Erfolg von morgen und übermorgen.

In diesem Ratgeber möchte ich Sie als Führungskraft, als Personalverantwortlicher oder als Unternehmer in diesem Veränderungsprozess beratend begleiten. Ich helfe Ihnen dabei, sich schnell an die neuen Strukturen anzupassen und nehme Ihnen das vielleicht noch vorhandene flaue Gefühl, neue Wege zu gehen.

Dieses Buch zeigt Ihnen, wie Sie Werte und Ziele Ihres Unternehmens definieren und umsetzen können und gibt Ihnen Ideen mit auf den Weg, wie Sie vom klassischen HR, bei dem Mitarbeiter häufig nur verwaltet werden, zum Förderer des Potenzials Ihrer Mitarbeiter avancieren und damit effizienter mit Ihren eigenen Ressourcen haushalten können.

1.2 Das Analoge im Digitalen

Es geht in diesem Buch nicht um eine (weitere) Lobhudelei der Digitalisierung, die in umfassenden Bereichen der Wirtschaft durchaus große Berechtigungen hat. Ich selbst blicke zurück auf eine lange Zeit als Führungskraft und Unternehmer, als Personalentwickler und Entwickler zahlreicher Führungskräfte in mittelständischen Unternehmen und großen internationalen IT-Konzernen. Ich habe die technischen Entwicklungen der letzten 30 bis 40 Jahre hautnah erleben dürfen und kann mir eine Zeit ohne Laptop, Smartphone und Sportuhr nicht mehr vorstellen.

Mein Anliegen ist es, in diesem Buch den wesentlichen Punkt jeder Unternehmung hervorzuheben: die Menschen, ohne die es keine Unternehmung gäbe und die – trotz aller fortschreitenden Digitalisierung – weiterhin analoge Lebensformen sind und immer bleiben werden. Menschsein ist weder schwarz noch weiß und nicht durch Einsen und Nullen zu repräsentieren. Der Umgang mit Menschen – den Tragpfeilern Ihres Unternehmens – darf weiterhin gerne, gewollt und gewünscht analog und in allen Farben und Schattierungen des Lebens geschehen.

Ich möchte Ihnen mit diesem Ratgeber einen ersten Schlüssel in die Hand geben, um für die Vorrangigkeit einer guten analogen Führung zu plädieren, Ihr eigenes und das Potenzial Ihrer Mitarbeiter noch besser zu erkennen und eine für alle Seiten erfolgreiche Reise zu starten.

1.3 Neue technologische Herausforderungen

Während ich diese Zeilen schreibe, hat die aktuell noch andauernde Corona-Krise bereits heute schon eine unfassbare Beschleunigung der Digitalisierung forciert und die digitale Infrastruktur hat ihren Test weitgehend besser bestanden als gedacht. Wir stehen nicht nur vor einem extrem schnell fortschreitenden, rein technologischen Fortschritt, sondern vor einer radikalen Veränderung der Gesellschaft und damit auch der Wirtschaft. Entscheidend für Ihren Erfolg ist, dass Sie sich auf den digitalen Umbruch einstellen, der sich besonders in zwei Punkten bemerkbar machen wird.

Auf der einen Seite macht sich das Internet der Dinge bemerkbar, durch das Maschinen untereinander und mit den herzustellenden Produkten kommunizieren. Diese

Entwicklung ist landläufig auch unter dem Namen »Industrie 4.0« bekannt. Durch immer stärkere Vernetzung können alle Akteure einer Wertschöpfungskette miteinander verbunden sein und altbekannte Strukturen werden völlig aufgebrochen.

Auf der anderen Seite steht die Verarbeitung und Auswertung großer Datenmengen, besser bekannt unter dem Namen »Big Data«. Rechner werden immer schneller und leistungsfähiger und können immer größere Datenmengen – auch dezentral – für neue Geschäftsmodelle nutzen. Durch den Siegeszug mobiler Geräte wie Smartphones oder Tablets kann von überallher auf Informationen zugegriffen werden. Gleichzeitig ermöglichen diese eine fast lückenlose und bis ins Detail reichende Analyse von Bewegungs- und Verhaltensdaten bis hin zur genauen Prognose von Wünschen, Ängsten und Befürchtungen der Nutzer.

Altbekannte Mechanismen der Marktwirtschaft werden durch die Digitalisierung immer schneller und sicherer ausgehebelt. Es wachsen Märkte, auf denen einzelne erfolgreiche Unternehmen die Alleinherrschaft bereits übernommen haben. Als Beispiele seien hier Google im Feld der Suchmaschinen und Amazon im Feld der Cloud-Services und des Handels genannt. Der Wert beider Unternehmen besteht dabei nicht in dem, was sie primär anbieten, sondern in der Datenanalyse der freiwillig und kostenlos vom Nutzer abgegebenen Informationen. Gleiches gilt für Plattformen wie LinkedIn oder Xing. Vordergründig als Tool zum Netzwerken genutzt, ersetzen sie durch angewandte KI (künstliche Intelligenz) und konsequente Analyse der vom Nutzer hinterlassenen Daten in Zukunft jede Form der Personalberatung und des Headhunting. Durch diese wachsenden Monopolstellungen entsteht großer Konkurrenzdruck.

Besonders kleine und mittelständische Unternehmen stellt die digitale Transformation vor größere Herausforderungen, da sie nicht immer in der Lage sind, sich rasch an veränderte Strukturen anzupassen. Für große Unternehmen und Konzerne der Old Economy – z. B. Automobil-, Chemie-, Pharmaindustrie – besteht die riesige Herausforderung darin, ihrer »angeborenen« Schwerfälligkeit zu entkommen und statt auf alte und bewährte Prozesse auf Agilität zu setzen.

1.4 Neue Berufe – neue Anforderungen

Dort, wo im Zuge der Digitalisierung ein Berufsfeld verschwindet, entstehen zur gleichen Zeit neue Arbeitsfelder. Der Mensch wird in der Zukunft weniger Arbeitskraft einbringen müssen, dafür aber mehr Kontrollfunktionen übernehmen. Sogenannte »Smart Factories« sind mit intelligenten Maschinen ausgestattet und verändern die Gesellschaft nachhaltig.

Diese Entwicklung führt allerdings nicht, wie oft befürchtet, zu einem geringeren Personalbedarf. Es verschieben sich jedoch die Anforderungen an die Menschen. Insbesondere Fachwissen und Verhalten werden zu wertvollen Soft Skills. Dementsprechend ist einerseits technisches Können – beispielsweise im IT-Bereich – gefragter denn je, aber auch Eigenschaften wie Selbstführung, Selbstmotivation und Kreativität sind zukunftsweisend.

Genau aus diesem Grund ist Arbeit 4.0 gleichbedeutend mit einem lebenslangen Lernprozess. Die Bereitschaft zur persönlichen Weiterentwicklung der Mitarbeiter ist zu einem entscheidenden Erfolgsfaktor für Unternehmen geworden. Sie als Führungskraft fördern und ermöglichen diese Entwicklung, um im Wettbewerb Bestand zu haben und in Zukunft noch erfolgreicher zu werden.

1.5 Digitalisierung bringt neue Arbeitszeitmodelle

Unternehmensnetzwerke sind heutzutage meist von außen zugänglich, was in der Folge bedeutet, dass sich ein Arbeitnehmer nicht mehr direkt im Büro befinden muss. Die Zeit der Corona-Pandemie hat uns gezeigt, dass es innerhalb kürzester Zeit für unterschiedlichste Branchen und Berufe möglich war, aus dem Homeoffice zu arbeiten. Gleichzeitig konnten Möglichkeiten und Grenzen ausgetestet und wertvolle Erfahrungen gewonnen werden.

Dadurch ergeben sich im Bereich der Arbeitszeitmodelle ganz neue Möglichkeiten. Eine sichere Leitung verbindet die Mitarbeiter mit dem Unternehmensnetzwerk und erlaubt es ihnen, ganz nach Belieben untertags oder auch nachts zu arbeiten. Neben dem Vorteil, dass auf diese Weise noch flexiblere Arbeitszeiten angeboten werden können, als dies beispielsweise bei Gleitzeit-Modellen der Fall ist, wird zusätzlich weniger Raum an Büroflächen benötigt.

1.6 Mehr Arbeitsplätze durch Digitalisierung

Verschiedene Studien beschäftigten sich bereits mit dem Anteil potenzieller Arbeitsplätze, die aufgrund der Digitalisierung in Zukunft gestrichen werden. Bis 2035 wird dabei von einem Abbau von rund 1,5 Millionen Jobs ausgegangen[1]. Dies wird vor allem dadurch passieren, dass immer mehr Arbeitsplätze von Robotern übernommen werden. Manche Branchen werden dabei stärker betroffen sein als andere.

Doch neben dieser Entwicklung wird es ebenso viele neue Arbeitsplätze geben, die hauptsächlich in der Informations- und Kommunikationsbranche entstehen.

Digitalisierung sollte also nicht vorschnell als Jobkiller verurteilt werden. Es kommt jedoch zu einer Umstrukturierung, die Sie als Führungskraft zielführend begleiten, moderieren und gestalten werden.

1.7 Neue Nutzen- und Wertschöpfungskonzepte

Im Rahmen der fortschreitenden Digitalisierung entsteht durch immer neue technologische Möglichkeiten eine Vielzahl an neuen Wertschöpfungskonzepten. So werden beispielsweise digitalisierte Ressourcen wie etwa Fotos, Texte, Videos, Bücher, Musiknoten und Ähnliches kostenlos reproduziert und verteilt. Durch diese De-Materialisierung von Produkten entstehen Kostenvorteile und auch kleine Unternehmen können rasch wichtige Marktpositionen einnehmen, wenn sie ein interessantes digitales Produkt anbieten.

Komplett neue Geschäftsmodelle finden auch durch die Vernetzung von Menschen, Services, Prozessen und Daten statt. Gerade die Grenzen von Ländern oder Branchen werden dabei mit Leichtigkeit überwunden. Da beim Austausch von Wissen oder Interessen ganz andere Resultate erzielt werden als beim Austausch klassischer Güter, soll auch anders mit der Wertschöpfung daraus umgegangen werden. Als ein Beispiel dient hier die schon seit etwas längerer Zeit bestehende Umwandlung von Kauf- in Abo-Optionen. Mein erstes Microsoft-Office-Paket habe ich vor langer Zeit

1 Zika, Gerd/Helmrich, Robert/Maier, Tobias u.a.: Arbeitsmarkteffekte der Digitalisierung bis 2035, Studie des Instituts für Arbeitsmarkt- und Berufsforschung und des Bundesinstituts für Berufsbildung, unter: http://doku.iab.de/kurzber/2018/kb0918.pdf (abgerufen am 30.01.2020).

für rund 1400 DM kaufen müssen. Heute kostet mich das Paket im Abonnement nur ein paar Euros im Monat – und die Gewinne der Unternehmen steigen.

Wenn es um den Austausch von Wissen und Innovationen geht, so tun Sie gut daran, möglichst schnell möglichst viele Menschen mit ins Boot zu holen, anstatt sich wie früher üblich, die Ressource zu sichern und den persönlichen Nutzen daraus zu maximieren.

Um den Nutzen von Netzwerken zu maximieren, hat sich eine richtige Plattform-Ökonomie entwickelt, wo eine Vielzahl von Anbietern zusammenkommen und ihr Wissen und ihre Produkte austauschen. Je mehr Angebote auf einer solchen Plattform zusammenkommen, desto attraktiver wird sie für Suchende. Umgekehrt verhält es sich ebenso. Bezeichnet wird diese Tatsache als Netzwerkeffekt. Der Netzwerkeffekt ist dabei fast immer größer als die Qualität einer einzelnen Dienstleistung. Natürlich können sich dabei auch monopolistische Strukturen bilden.

1.8 Personalarbeit der Zukunft

Parallel zur Digitalisierung wird sich die Personalarbeit grundlegend ändern und damit zwangsläufig auch das Bild von einer Führungskraft. Das Wissen und insbesondere die Motivation Ihrer Mitarbeiter sind das knappe Gut der Zukunft, das über Erfolg und Misserfolg Ihres Unternehmens entscheidet. Mitarbeiter werden mehr und mehr die »Produktionsmittel« der Zukunft sein, die ausschließlich sich selbst gehören und sich nicht im Besitz eines Unternehmens befinden.

Für wen nach dem Recruiting Schluss ist mit Bemühungen um den Mitarbeiter, wird im »Krieg um die Talente« (war for talents) ganz sicherlich den Kürzeren ziehen. Die Förderung von lebenslangem Lernen und die Implementierung von örtlich und zeitlich unabhängigen Arbeitsplätzen sind nur zwei der möglichen Maßnahmen, um sich als attraktiver Arbeitgeber zu behaupten.

1.9 Vor- und Nachteile der Digitalisierung

Die fortschreitende Digitalisierung findet in allen Lebensbereichen statt. Die Tatsache, dass unser tägliches Leben in einem binären System bestehend aus 0 und 1 abgewickelt wird, bringt zwar Vorteile, aber auch Nachteile mit sich.

Durch die steigenden technologischen Entwicklungen werden Arbeitsabläufe immer schneller, wovon die meisten Wirtschaftsunternehmen profitieren. Die Zeiten händischen Ausfüllens von Bestellformularen sind vielerorts schon längst Geschichte. Vernetzungen auf der ganzen Welt sind mithilfe von neuen Technologien immer und überall verfügbar. Auf diese Weise können auch von Deutschland aus Arbeitsprozesse rund um den Globus in Sekundenschnelle gesteuert werden.

Durch die Digitalisierung sehen wir uns allerdings auch mit dem sogenannten gläsernen Menschen konfrontiert. So wird jeder, der einen halbwegs normalen Umgang mit der modernen Technologie pflegt, auf Schritt und Tritt protokolliert und analysiert. Rund um die Uhr sind wir per Smartphone erreichbar und der Anteil an Informationen, die tatsächlich privat bleiben, wird immer geringer. Jeder muss für sich selbst entscheiden, inwieweit dies akzeptiert werden kann.

Ein weiterer Nachteil der Digitalisierung sind die hohen Kosten, mit denen diese verbunden ist. Neue Hardware und Software müssen angeschafft und unterhalten werden. Mitarbeiter müssen dementsprechend geschult werden, worin viele eine Stockung des Tagesgeschäfts befürchten.

1.10 Warum kein Weg für Sie an den neuen Strukturen vorbeiführt

An Veränderungen führt kein Weg vorbei, unsere Welt unterliegt einem stetigen Wandel. Sie haben immer die Möglichkeit, über selbst definierte Ziele eine Veränderung in Ihrem Sinne anzuführen. Eine weniger attraktive Alternative ist die, nichts zu tun, denn die Veränderungen finden auch ohne Sie statt. Wer keine eigenen Ziele verfolgt, folgt den Zielen Anderer und das dürfte nicht in Ihrem Sinne sein.

Auch wenn der ein oder andere Nachteil dagegen spricht, dem Trend zur Digitalisierung zu folgen, so wird für Sie kein Weg daran vorbeiführen, wenn Sie mit Ihrem Unternehmen bestehen wollen. Doch Sie werden rasch bemerken, dass die Integration von Arbeiten und Lernen in den Alltag der Menschen für Ihr Unternehmen durchwegs positive Auswirkungen haben wird. Wenn es Ihnen dann auch noch gelingt, sich selbst zeitweise auszuklinken, sich ein ›resilientes‹ Verhalten anzueignen, steht einer erfolgreichen Zukunft Ihres Unternehmens nichts mehr im Wege.

2 Von der Industrie 1.0 zu Industrie 4.0

In jeder Branche zeigt sich der Wandel immer schneller und schneller. Vergleichbar zur ersten industriellen Revolution wird auch im Moment gerade eine neue Phase eingeleitet, die mit dem klingenden Namen Industrie 4.0 geführt wird. Es rührt dies von den vier Phasen her, in die sich der industrielle Wandel im Laufe der Geschichte rückblickend einteilen lässt.

2.1 Historischer Rückblick

Die ersten Massenproduktionen mithilfe von Maschinen fanden um das Jahr 1800 statt. Es handelte sich hier um Maschinen, die von Hand bedient wurden. Die ersten dampf- und wasserbetriebenen Produktionsanlagen folgten bald. Primär wurden Wasserkraft und Windkraft als Energielieferanten eingesetzt. Im Zuge der Entwicklung der ersten Dampfmaschinen wurde die Industrialisierung der Eisenbahnen, des Kohleabbaus, der Textilindustrie und anderer Zweige geboren. Schon durch diese erste industrielle Entwicklung öffneten sich neue Arbeitsstellen in den Unternehmen.

Bereits damals wurde auf mechanischer Ebene der Grundstein für spätere Computerarbeit durch die Pionierin Ada Lovelace gelegt, die als eine der ersten Programmiererinnen Geschichte schrieb.

2.1.1 Industrie 2.0

Der nächste große Schritt in Richtung Automatisierung erfolgte Ende des 19. Jahrhunderts durch den nun beginnenden Einsatz des elektrischen Stroms als Antriebskraft. Motoren und Fließbänder steigerten das Produktionsvolumen. Auch Büroarbeitsplätze erfuhren in dieser Zeit eine Umstrukturierung durch die Weiterentwicklung der Kommunikation. Das Telefon und die Möglichkeit, Telegramme zu versenden, vereinfachten nun Arbeitsprozesse. Damit zeigten sich die ersten Vorboten der Globalisierung und sowohl unzählige Gebrauchsgüter als auch der Verkehr wurden weitgehend automatisiert – nicht zu vergessen die Luftfahrt, die ebenfalls in dieser Zeit ihre Sternstunde hatte.

2.1.2 Industrie 3.0

Den ersten Entwicklungsarbeiten von Ada Lovelace folgten nun funktionsfähige Geräte. 1941 revolutionierte der vom deutschen Bauingenieur Konrad Zuse entwickelte Z3 erneut die Wirtschaft. Es handelte sich um einen vollautomatischen, programmierbaren Computer, der in der Folge weiterentwickelt und stetig verbessert wurde. Ein erster kommerzieller Computer namens Z4 kam bald auf den Markt und startete eine rasante Aufwärtsspirale von immer kürzeren Entwicklungszyklen.

Ab 1970 entwickelte sich ein neues Zentrum der Forschungen: Elektronik und IT als Hilfen zur Automatisierung wurden geboren. In Büros und Haushalten hielten nun Personal Computer Einzug und sorgten für einen neuen Industriezweig.

Einer der Pioniere und Vorläufer des späteren Silicon Valley war Heinz Nixdorf und sein gleichnamiges Unternehmen in Paderborn. Nixdorf stieß schon ab 1952 in eine Marktlücke vor, indem er die ersten Kleincomputer entwickelte und produzierte und somit international lange vor IBM und Microsoft die Nutzung von Computerkapazitäten in der Breite forcierte.

2.1.3 Industrie 4.0

Sprechen wir von greifbaren Weiterentwicklungen aller Theorien, so befinden wir uns bereits gegen Ende der vierten industriellen Revolution. Der Fokus liegt klar auf der Digitalisierung aller analogen Systeme und neuer Produktionsmethoden. So können dank Technik im Bereich der Produktion sogenannte Just-in-Time-Strategien eingesetzt werden, bei denen nicht mehr auf Lager produziert wird.

Neben der industriellen Entwicklung findet in dieser Phase auch eine wesentliche Umstrukturierung von Produktions- und Arbeitswelten statt, die von allen Beteiligten radikales Umdenken erfordert. Neue Kommunikationsformen sind die Hauptverantwortlichen für diese Entwicklungen.

2.2 Kollege Roboter

Im Zuge der neuen Digitalisierung führen immer mehr künstlich-intelligente Roboter immer komplexere Aufgaben durch und ersetzten Menschen. Für die meisten Menschen ist es wichtig, einer geregelten und vor allem sinnvollen Arbeit nachzugehen und so einen gesellschaftlichen Beitrag zu leisten. Im Gegenzug dafür erwarten Menschen Anerkennung. Doch wie können Sie als Unternehmer von der anstehenden Roboter-Revolution profitieren und gleichzeitig Ihren Mitarbeitern die Angst vor der Neuerung nehmen?

Der Einsatz von Robotern ermöglicht es Ihnen, in erster Linie *zeitlich* flexibel zu arbeiten. So können Ihre Mitarbeiter vom Homeoffice aus bequem Produktionsabläufe steuern und auch unterwegs an Meetings teilnehmen. In einigen Unternehmen sind Telepräsenzsysteme bereits ein Teil des Teams, andere sind noch weit davon entfernt. Meist begegnen Menschen Robotern eher mit Unbehagen und es wird wohl noch einige Zeit dauern, bis wir einem Roboter das autonome Fahren eines privaten Kraftfahrzeugs zutrauen. 60 Prozent der Deutschen fürchten zudem, durch Robotik und Digitalisierung ihren Arbeitsplatz zu verlieren.

Hier gilt es, Mitarbeiter davon zu überzeugen, dass Projekte nun losgelöst von einem Ort gemanagt werden können und grenzüberschreitendes Zusammenarbeiten kein Hindernis mehr darstellt. Roboter schließen zwar Personallücken und übernehmen gefährliche oder standardisierte Arbeiten. Übrig bleiben aber die Arbeitsbereiche, die Kreativität und Kommunikationsfähigkeit verlangen und daher eher Spaß machen als prozessgesteuerte Abläufe. Wir werden lernen müssen, Robotern im Alltag zu begegnen und sie als Partner zu verstehen. Wir stehen sicherlich nicht dem Worst Case gegenüber, dass die Arbeit auszugehen droht.

Die Automobilbranche ist – wie so oft – Vorreiter auch im Bereich der Robotik und es sind nicht nur einfache Aufgaben in der Produktion betroffen. Doch keine Sorge: Der Mensch wird durch den Roboter nicht ersetzt. Es findet eine Umstrukturierung hin zu neuen Arbeitsplätzen statt, die uns vermutlich mehr Erfüllung bringen und mehr Zeit für die wirklichen Aspekte des Berufs mit sich bringen. Es werden also tatsächlich mehr Arbeitsplätze entstehen, die es den Menschen ermöglichen, ihr jeweiliges Potenzial weiterzuentwickeln, und Sie als Führungskraft wollen dabei den ersten Schritt gehen.

Was können Unternehmer tun, um die neu gefragten Fähigkeiten der Mitarbeiter zu fördern? In erster Linie helfen Sie den Menschen, ihre Kompetenzen dem Wandel anzupassen und jene Fähigkeiten zu stärken, die Menschen den Robotern voraushaben. Ausschlaggebend ist das persönliche *Verhalten*, sind die sogenannten »Soft Skills«, und dies wird mittelfristig zu einem Paradigmenwechsel im Einstellungsverfahren der Unternehmen führen: Zeigt der Kandidat ein leidenschaftliches, teamfähiges und lernwilliges Verhalten, spielen die bereits erworbenen Kenntnisse und Qualifikationen eine geringere Rolle. In der Vergangenheit wurden Mitarbeiter hauptsächlich wegen ihrer nachgewiesenen Qualifikationen eingestellt – entlassen wurden sie in der Regel wegen ihres nicht passenden Verhaltens.

Die Kernfrage ist, warum sich ein Mensch für den aktuellen Beruf entschieden hat. Was sind seine persönlichen Ziele und Werte, was bewegt ihn, was motiviert ihn? Jeder Mitarbeiter bringt immer seine persönliche Note, sein spezifisches Verhalten mit in den Arbeitsplatz ein, sei es besonderes Engagement, Kreativität oder soziale Kompetenzen. Diese besonderen Fähigkeiten gilt es in Zeiten von Digitalisierung und Arbeit 4.0 zu stärken, denn sie haben allergrößten Einfluss auf die Kommunikation und die Dynamik des gesamten Teams und damit auf den Gesamterfolg.

Als Schlüsselqualifikationen im Umgang mit der neuen Arbeitswelt stehen nicht mehr klassische Bildungswege. Vielmehr treten die Fähigkeit zum kritischen Denken und der Wille zum lebenslangen Lernen an deren Stelle.

Stellen Sie auch jetzt schon die Weichen für völlig veränderte Arbeitstage. Wenn Roboter in einigen Jahrzehnten einen Teil unserer Arbeit übernommen haben, werden vermutlich auch weniger Arbeitsstunden im Terminkalender stehen. Die neu gewonnene Freizeit führt zur Möglichkeit, weitere – z. B. karitative und soziale – Tätigkeiten im täglichen Leben unterzubringen und so nicht nur von einem abwechslungsreicheren Arbeitstag zu profitieren.

2.3 Die Flexibilisierung der Arbeitsabläufe

Stellen Sie sich darauf ein, dass im Zuge der Digitalisierung auch altbekannte Arrangements ihre Gültigkeit verlieren werden. Hier sind nun neuartige Arbeitsformen und Beschäftigungsverhältnisse gefragt. Stichworte wie Flexibilisierung und Selbstorganisation gewinnen zunehmend an Bedeutung. Gewinner und Verlierer in dieser fortschreitenden Modernisierung wird es auf jeden Fall geben. Wer rechtzeitig die Chancen erkennt und dementsprechend umdenkt, gehört sicherlich zur Gruppe der Gewinner.

Niemand wird bestreiten, dass Arbeit flexibilisiert wird. Verantwortlich dafür sind einerseits gesellschaftliche Veränderungen, andererseits der technologische Umbruch. Doch welche Reorganisation von Arbeit kommt hier auf Sie zu? Welche Chancen und Risiken bieten sich hier für Ihre Mitarbeiter? Wie verändert sich das Verhältnis von Arbeit und Lebensweise?

Bislang wurde die Arbeitsleistung durch die Regulierung von Anwesenheit (Zeit) und Beschäftigungsart geprägt. Dies wird nun schrittweise geändert, was manche Menschen auch mit weniger Sicherheit in Verbindung bringen. Kompetenzen, wie Kommunikationsfähigkeit, die bisher dem Privatleben zugeordnet waren, gehören nun zu den wesentlichen Faktoren erfolgreicher Arbeit. Die Ansprüche an die sogenannte Selbstorganisation wachsen.

Im Mittelpunkt stehen Veränderungen in der betrieblichen Organisation von Arbeit. Auf der einen Seite stehen ökonomische Umstrukturierungstrends, auf der anderen finden sich gesellschaftliche Veränderungen. Familien und Haushalte erleben neue Formen.

Die Produktionsökonomie ist nicht mehr, wie bislang gewohnt, vom Markt abgeschottet. Sie reagiert immer unbestimmter auf die sich ständig wandelnden Anforderungen. Dies bedeutet für die Organisation von Arbeit, dass bislang angewandte Modelle nicht mehr funktionieren. Standardisierte Arbeitsaufgaben, eingeschränkte Handlungsspielräume und andere Kontrollen können immer weniger dafür eingesetzt werden, die neuen Anforderungen zu bewältigen.

Damit Sie mit Ihrem Unternehmen der Unbestimmtheit des Marktes erfolgreich entgegentreten können, muss hier ein Umdenken stattfinden. Durch Selbstorganisation und indirekte Anleitung geben Sie Ihren Mitarbeitern die Möglichkeit, auf externe Anforderungen unmittelbar zu reagieren.

Dabei wird nicht völlig auf Steuerung verzichtet, die Form der Führung wird aber verändert. Idealerweise wird dem Mitarbeiter ein bestimmter Kontext vorgeschrieben, auf Mikrokontrolle wird jedoch völlig verzichtet. Der Kontext besteht aus gewissen Rahmenbedingungen, Zielvorgaben und Unternehmenswerten. Alles Weitere bewältigt der Mitarbeiter im Rahmen der Selbstorganisation nach seinem eigenen Modus Operandi. Es geht also nicht mehr darum, ein Zeitpensum abzuarbeiten, sondern genau definierte Ziele innerhalb eines zeitlich begrenzten Projekts nach vorher festgelegten Qualitätskriterien zu erreichen und dabei die im Unternehmen vereinbarten (Verhaltens-)Werte als Rahmenwerk zu leben.

Dieses Arbeitsmodell bringt gewisse Grundvoraussetzungen in der Organisation mit sich. So muss besonders der Arbeitseinsatz flexibler als bisher gestaltet werden. Die Arbeitszeitmodelle müssen überdacht werden und räumliche Flexibilisierung ist gefragt. Hierarchien müssen abgeflacht werden, Entscheidungsfreiheiten müssen auf Gruppen oder Individuen übertragen werden. Gerade Führungskräften, die zu Mikrokontrollen neigen und nicht gerne Verantwortung abgeben, wird dieser Schritt schwerfallen.

Da im Zuge der Digitalisierung und Industrie 4.0 das selbstbestimmte Arbeiten ein wesentlicher Erfolgsfaktor ist, stehen für Führungskräfte neue Herausforderungen im Programm. Für Sie geht es nun darum, die subjektiven Potenziale der Mitarbeiter zu entdecken, zu erwecken und zu fördern.

Die Verwischung der Grenze zwischen Leben und Arbeit ist bei diesem Prozess sowohl Voraussetzung als auch Folge. Der Mitarbeiter wird in der Regel von den bisherigen institutionellen Organisationen freigestellt. Die Grenze zwischen Privatperson und Mitarbeiter, zwischen Zuhause und Arbeit verschwimmt. Diese Entwicklung bis hin zur kompletten Entgrenzung steht meist im Fokus der Umstrukturierungen.

Im Prinzip geht es um das zeitnahe Erfassen der Umbrüche. Sie sollten relativ stabile historische Konstellationen infrage stellen, um auch in den nächsten Jahrzehnten als Unternehmen punkten zu können. Es ist nicht gefragt, das Neue als Teil einer neuen historischen Konstellation zu sehen. Vielmehr stehen Sie vor einem Umbruch, der durch viele Widersprüche gekennzeichnet ist. Das Nebeneinander von alten und neuen Merkmalen muss in unterschiedlichen Bereichen umgesetzt werden. Hier spielen gesellschaftliche Entwicklungen ebenso eine Rolle, wie industrielle Veränderungen.

Auch da, wo Unternehmen komplett dezentralisiert werden und weitreichende Umstrukturierungen bereits stattgefunden haben, bleiben oft zentralistische Koordinationsmodelle stehen. Trotzdem gelingt es, der Arbeitsorganisation flexible Züge zu geben und dem Mitarbeiter hohe Autonomie zuzugestehen.

Für die Arbeitskräfte hat die Autonomisierung ambivalente Folgen. Einerseits freut sich der Mitarbeiter über erweiterte Spielräume und die Subjektivierung seiner Tätigkeiten, andererseits kann genau diese Subjektivierung zu einer Instrumentalisierung der Mitarbeiter führen. Nicht zu vergessen ist dabei die Tatsache, dass nicht jeder Mensch zum selbstorganisierten Arbeiten geeignet ist. Hier sind Ihre Menschenkenntnis und Ihre empathischen Fähigkeiten gefragt.

Flexible Arbeitsmodelle führen meist dazu, dass der Spagat zwischen Privatleben und Arbeit um einiges leichter gemeistert werden kann. Wichtige Termine können wahrgenommen werden, ohne dass dies Einfluss auf die Arbeitszeit hätte. Gerade Mitarbeiter mit Kindern sind mit einem flexiblen Arbeitsmodell inklusive Homeoffice wesentlich leistungsfähiger, da der komplette Organisationsstress völlig wegfällt. Aufgaben können nach Belieben nach- oder auch vorgearbeitet werden.

Bereits heute ist eine Vielzahl an flexiblen Arbeitsmodellen am Arbeitsmarkt vertreten. Neben der althergebrachten Gleitzeit, die nicht wirklich dem entspricht, was im Zuge der Digitalisierung gefragt ist, haben sich Modelle wie Homeoffice oder Jobsharing etabliert. Letztere werden in den kommenden Jahren immer mehr zum Regelmodell avancieren.

2.4 Lebenslanges Lernen

Wer den Anschluss an die Umstrukturierung der Wirtschaft nicht verpassen möchte und die Kompetenzen und Fähigkeiten seiner Mitarbeiter dementsprechend fördern will, wird früher oder später über das Mantra »lebenslanges Lernen« stolpern. Menschen, die einer Weiterbildung negativ gegenüberstehen, wird der Umstieg in die Arbeitswelt 4.0 nur schwer gelingen. Es gilt, sich stetig an neuen Anforderungen zu orientieren, und die eigenen Kompetenzen dementsprechend anzupassen.

Der Lernprozess verläuft parallel zur rasanten technischen Entwicklung und ist daher keine einmalige Angelegenheit. Das gilt für Führungskräfte ebenso, wie für Mitarbeiter. Sie als Führungskraft müssen nun erst für sich selbst ein Umdenken in Angriff nehmen und erst dann eine solche Umstrukturierung auch auf Ihr Unternehmen ausweiten. Hierzu finden Sie in Kapitel 6 dieses Buches, ›You go first‹, weiterführende Informationen.

Seien es rechtliche Aspekte oder technische Feinheiten – alle Bereiche sind von stetem Wandel betroffen. Selbst Akademikern kann es passieren, ihren Job an einen Roboter zu verlieren, wenn sie hier nicht mit der Zeit gehen.

Im Prinzip passiert nichts anderes, als dass sich die Aufgaben in Richtung strategischer und kreativer Planung sowie Systemüberwachung und Analyse verschieben. Dies bringt zwangsläufig die Tatsache mit sich, dass der betroffene Mitarbeiter einen guten Überblick über die Arbeitsprozesse und deren Zusammenhänge mitbringen muss. Natürlich sind auch mehr IT-Kompetenzen wie bisher gefragt. Besonders Menschen, die etwa in der Produktion oder in der Arbeitsvorbereitung arbeiten, werden von dieser Entwicklung betroffen sein, aber auch Sie als Führungskraft wollen hier mit positivem Beispiel vorangehen.

Die Landschaft der Erwachsenenbildung ist dementsprechend einem steten Wachstum unterworfen. Angebote und Anbieter passen sich gleichermaßen an die Entwicklungen des Arbeitsmarkts an. Für sämtliche Berufstätigen wird kein Weg daran vorbeiführen, ihre Kompetenzen an die gesellschaftlichen und technologischen Entwicklungen anzugleichen.

Digitale Technologien wollen ebenso beherrscht werden, wie neue Strukturen eingeführt. Auch die Modelle Team und Führung werden komplett überdacht, was neue kommunikative Kompetenzen und kollaborative Fähigkeiten erfordert.

Dass das lebenslange Lernen zunehmend an Bedeutung gewinnt, ist für Arbeitgeber und Politik an sich kein neuer Ansatz. Da in Zukunft leichte bzw. prozessorientierte Arbeiten wegfallen bzw. von Robotern übernommen werden, sollten Sie Ihre Mitarbeiter rechtzeitig auf diesen Wandel vorbereiten und ihnen so die Möglichkeit geben, ihre Fähigkeiten auf einem neuen Tätigkeitsgebiet einzusetzen.

Natürlich ist die Angst vor menschenleeren Produktionshallen ein übertrieben gezeichnetes Szenario. Lediglich die Tätigkeiten werden sich grundlegend verändern. Dementsprechend müssen die Qualifikationen der Menschen an die neuen Gegebenheiten angeglichen werden.

Da weniger körperliche Arbeit gefragt sein wird, werden Menschen in Zukunft auch länger arbeiten können als bisher und daher das Konzept des lebenslangen Lernens bis ins hohe Alter verfolgen. Dieses lebenslange Lernen ist eine Folge der Dynamik gesellschaftlicher und technischer Entwicklungen. War es vor 50 Jahren noch selbstverständlich, einen Beruf zu erlernen und diesen bis zur Rente auszuüben, so zeigt sich heute, dass ständig neue Berufe und Berufsfelder entstehen, während althergebrachte Berufe völlig verschwinden. Wer heute mit dem Berufsleben beginnt, wird in 30 oder 40 Jahren die Berufstätigkeit vermutlich mit einem Beruf beenden, der heute noch gänzlich unbekannt ist.

Diese Entwicklung betrifft aber nicht nur Berufe, sondern das ganz normale Leben der Menschen. Meine Elterngeneration, aufgewachsen in den 30iger und 40iger Jahren, ist – verallgemeinert gesagt – schlichtweg überfordert, ihre privaten Geschäfte erledigen zu können. Sie sind es z. B. gewohnt, Überweisungsformulare auszufüllen und am Schalter abzugeben. Durch umfangreiche Filialschließungen und eine damit einhergehende erhebliche Reduzierung des Serviceangebots in den letzten 10 Jahren sind diese Handlungen so gut wie nicht mehr möglich. Der Umgang mit Online-Banking, getätigt auf einem Smartphone oder Notebook per SMS-Tan oder Foto-TAN, setzt eine ungeahnte Bereitschaft zum Lernen voraus, um überhaupt lebensnotwendige Tätigkeiten ausführen zu können. Konnte man früher noch auf die Bedienung eines Videorekorders oder einer Mikrowelle verzichten, so ist das bei vielen elementaren Dingen – wie z. B. dem Banking – nicht mehr möglich.

Um lebenslang zu lernen, werden bereits einige Kompetenzen benötigt. Mit dem zentralen Wunsch nach einem selbstbestimmten Leben geht die Verantwortung einher, sein Leben aktiver in die Hand zu nehmen (ich allein bin verantwortlich für das, was aus mir wird), sich gesünder zu ernähren und sich mehr zu bewegen (meine körperliche und geistige Gesundheit so lange wie möglich zu bewahren), mutiger Entscheidungen zu treffen und tatsächlich konsequenter ins Handeln zu kommen. Und genau hier setzt das lebenslange Lernen an, die individuelle Bereitschaft, offen zu sein für neue Entwicklungen, sich auf diese einzulassen und diese in den Alltag zu integrieren. Nur damit können adäquate Handlungsstrategien entfaltet werden. Mehrere Komponenten sollten dabei Eingang in ein gutes Bildungskonzept finden.

So setzt sich etwa eine humane Komponente zum Ziel, die Entfaltung der menschlichen Persönlichkeit zu unterstützen. Bildung soll zu Toleranz und Verständnis führen. Die wirtschaftliche Komponente der lebenslangen Bildung hingegen setzt sich mit Qualifikationen und Fähigkeiten auseinander, die dabei helfen, im Wettbewerb zu bestehen.

Zu guter Letzt gibt es noch eine subjektive Komponente, die dabei hilft, sich rasch und flexibel auf die sich stetig ändernden Anforderungen des Arbeitsmarkts einzustellen. Es geht dabei primär um neue Lebensplanung, neue Arbeitskonzepte und neue gesellschaftliche Formen. Wer diese persönliche Komponente verfeinert, erhöht seinen persönlichen Freiheitsgrad im Beruf und im Privatleben gleichermaßen. Wer lernt, für sich selbst eine kurz-, mittel- und langfristige Lebensplanung zu verwirklichen, agil und flexibel auf private Situationen und Veränderungen zu reagieren, der wird auch im Arbeitsumfeld besser auf Veränderungen reagieren können.

Sie als Unternehmer können das lebenslange Lernen Ihrer Mitarbeiter an unterschiedlichen Lernorten und in unterschiedlichen Lernformen unterstützen und fördern. Selbst strukturierte Angebote sind hier angebracht, da die Menschen zeitlich bereits durch Familie und Arbeit ausreichend vereinnahmt sind. So können etwa durch informelles Lernen erworbene Fähigkeiten durch Dokumentation und Anerkennung kanalisiert und damit verwertbar werden. Es handelt sich hier um Qualifikationen, die im Zuge der Arbeit erworben werden.

Der Schwerpunkt beim lebenslangen Lernen sollte weniger auf dem Neuerwerb von Kompetenzen liegen. Vielmehr sollten bereits *vorhandene Fähigkeiten* unterstrichen und verstärkt werden. Halten Sie also stets Augen und Ohren offen, wo die Fähigkeiten und Möglichkeiten Ihrer Mitarbeiter liegen, ganz so, wie Sie das bei sich selbst sicherlich auch schon machen.

Am besten funktioniert dies, wenn für jeden Menschen eine Strategie des lebenslangen Lernens gefunden wird, die seiner Biografie entgegenkommt. Durch ein vielfältiges Netzwerk an Lernangeboten kann das informelle Lernen ideal mit institutionalisiertem Lernen gekoppelt werden. So werden teilweise fremdorganisierte Angebote genutzt und mit eigenen Erfahrungen aus Beruf, Familie und Freizeit zu einem äußerst erfolgreichen Cocktail an Fähigkeiten und Wissen gemixt.

Doch auch wenn Mitarbeiter sich nun, statt den althergebrachten Excel-Kurs zu besuchen, mit digitalen Neuerungen vertraut machen, ist damit der erforderliche Raum für persönliche Weiterentwicklung noch lange nicht gegeben. Hier können Sie beispielsweise Freiräume wie etwa Sabbaticals ebenso andenken, wie flexible Budgets zur Weiterbildung.

3 Das Unternehmen als Ökosystem

Noch sieht es in der deutschen Unternehmenslandschaft eher trist aus, wenn es um die Betrachtung des Unternehmens als Ökosystems geht. Tatsächlich geht es hier auch weniger darum, neue Strukturen oder Prozesse zu definieren, als darum, das Unternehmen einmal aus einem anderen Blickwinkel zu beleuchten.

Ein Ökosystem bezeichnet letztendlich nichts anderes als einen nach außen hin offenen Verbund aus Lebensraum und den darin lebenden Organismen, die in nicht definierten Abhängigkeiten voneinander stehen und stets versuchen, von sich aus im Gleichgewicht zu bleiben. Natürlicherweise befindet sich ein Ökosystem daher stets im Wandel. Das, was es für uns in dieser Betrachtung so interessant macht, ist die Tatsache, dass es in solchen Systemen keinen Chef gibt, der über eine wie auch immer geartete Hierarchie die einzig mögliche Richtung vorgibt. Stattdessen agieren alle Bestandteile im Rahmen ihrer jeweiligen Anpassungsfähigkeit und Agilität auf ein gemeinsames Ziel hin: das Überleben.

3.1 Biologie als Vorbild – gemeinsam stark

Der Begriff Ökosystem stammt aus der Biologie und bezeichnet das Interagieren unterschiedlicher Organismen, die durch das sich so bildende Geflecht äußerst widerstandsfähig werden. Dabei reicht das Spektrum der Wechselwirkungen von Symbiosen über Zusammenarbeiten bis hin zum Sieg im Wettbewerb.

Übertragen auf die Wirtschaft bedeutet dies nichts anderes, als dass in Zukunft der Einzelkämpfer einen sehr schweren Stand haben wird. Vielmehr sollten Unternehmen durch Netzwerke – fern althergebrachter abgekapselter Systeme – von dem Wissen und den Kompetenzen Anderer profitieren und durch die Gemeinsamkeit stark werden.

So findet der Verkauf von Produkten und Diensten auch heute schon teilweise nicht mehr auf einer einzigen Linie statt. Viele Unternehmen haben sich bereits in unternehmerische Ökosysteme eingebracht und sind mehrgleisig unterwegs.

Im wirtschaftlichen Kontext bezeichnet der Begriff Ökosystem das Zusammenspiel aller beteiligten Faktoren – seien es Menschen, Unternehmen oder Institutionen.

3.2 Das Ökosystem aus Partnern – Plattformen im Zentrum

Eine Vielzahl an Unternehmen hat bereits heute erkannt, dass Plattformen im Zentrum derjenigen Unternehmen stehen, die landläufig als Global Player bekannt sind. Als die einfachste Funktion solcher Plattformen finden wir bei den meisten Unternehmen die Vernetzung der Mitarbeiter und anderer Partner. Wer schon einen Schritt weiter gegangen ist, der nutzt solche Plattformen auch schon für die Entwicklung von Technologien und Ähnlichem.

Die Vorteile solcher Vernetzungen liegen auf der Hand. Kundenbeziehungen werden optimiert und beschleunigt, Prozesse können in der Regel einfach optimiert werden. Auch neue Geschäftsmodelle finden durch die Verwendung von Plattformen durchaus leichter Anwendung.

Gegen den Einsatz von Plattformen sprechen natürlich die üblichen Verdächtigen wie Datenverlust oder ein ungewöhnlich hoher Bedarf nach Abstimmung. Diesen möglichen Problemen kann durch gute Organisation und Struktur einer Plattform von vornherein der Wind aus den Segeln genommen werden. Sind alle strategischen Punkte gut aufgestellt und technisch dementsprechend umgesetzt, kann ein solches Ökosystem aus Unternehmen, Kunden, Partnern und Mitarbeitern bei guter Führungsstrategie problemlos funktionieren. Was bleibt, ist ein praktisches Zusammenleben von Stakeholdern und Shareholdern, das für alle Seiten großen Nutzen bringt.

3.3 Das agile Unternehmen

Sicherlich sind auch Sie schon dem Modebegriff »Agiles Arbeiten« begegnet. Doch was steckt hinter diesem Schlagwort? Und wie können Sie mithilfe des agilen Arbeitens Ihr Unternehmen in ein perfektes Ökosystem verwandeln? Welche Auswirkungen hat die Agilität auf Ihre Mitarbeiter? Und warum ist sie so erfolgreich?

Seinen Ursprung fand das sogenannte agile Unternehmen in der Softwareentwicklung. Hier wurden die ersten agilen Methoden erfunden, um erfolgreiche Teamarbeit und Projektarbeit durchzuführen. Was einst für einzelne Projekte gut funktionierte, wird immer öfter zum Konzept für ganze Unternehmen. Großer Vorreiter im Bereich des agilen Unternehmens ist der Streaming-Anbieter Spotify, der in dieser Hinsicht mittlerweile zum Modell für unzählige Großkonzerne avanciert ist.

Wir reisen zurück ins Jahr 2001. Damals entstand in Utah das *Manifest für Agile Softwareentwicklung*[2], in dem bereits alle Grundpfeiler zum agilen Unternehmen fixiert wurden. Ganz pragmatisch wurden zwölf Prinzipien aufgestellt, die ein erfolgreicheres Arbeiten durch Agilität beschreiben.

1. Der Kunde soll seine Produkte früh und kontinuierlich erhalten.
2. Auch spätere Änderungswünsche sind immer willkommen. Sie bringen Kunden einen Wettbewerbsvorteil.
3. Die Auslieferung der Produkte erfolgt immer so rasch wie möglich.
4. Entwickler und Experten arbeiten täglich zusammen.
5. Projekte werden rund um Menschen erstellt. Geben Sie Ihnen das Umfeld, das sie benötigen, und haben Sie Vertrauen.
6. Das persönliche Gespräch ist wichtig, um Informationen zu übermitteln.
7. Genutzte Software muss immer funktionieren.
8. Das Arbeitstempo muss von Kunden, Entwicklern und Nutzern gehalten werden können.
9. Gutes Design und technische Spitzenleistung unterstützen die Agilität.
10. Simplifikation ist wichtig – nur so viel wie nötig soll getan werden.
11. Selbstorganisierte Teams sind am erfolgreichsten.
12. Regelmäßig wird besprochen, wo Verbesserungspotenzial schlummert.

Was bei diesen zwölf Regeln des Manifests sofort ins Auge springt, ist, dass der einzelne Mensch und die Kommunikation zwischen allen Teilnehmern des Ökosystems im Vordergrund stehen. Dinge, wie funktionierende Software oder der Umgang mit Änderungen sind wesentlich wichtiger als umfassendes Reporting oder strikte Pläne und Vertragsverhandlungen.

2 https://agilemanifesto.org/iso/de/manifesto.html (abgerufen am 01.02.2020).

Unternehmen, die auf diese Weise agil arbeiten, setzten in der Regel darauf, Entscheidungen nicht mehr zentral zu treffen und geben Ihren Mitarbeitern die Möglichkeit zur Selbstorganisation. Wie können Sie das in der Praxis konkret umsetzen, um mit Ihrem unternehmerischen Ökosystem im Wettbewerb die Nase vorn zu haben?

3.4 Definieren Sie gemeinsame Ziele

Von vornherein muss allen Beteiligten klar sein, wie das Ziel eines Projekts im Detail aussieht und welche Werte hinter dem Projekt stehen. Vermutlich haben Sie nun die Szene vor Augen, die sich in der Praxis beim Arbeiten mit selbstorganisierten Teams oft einstellt: Durch hohe Zielvorgaben und Personalmangel entstehen Druck und das Gefühl, immer im Verzug zu sein. Dazu kommen ständige Leistungsüberprüfungen und Verhaltenskontrollen, die durch digitale Technologien noch verschärft werden. Die Resultate sind hoher Leistungsdruck und jede Menge Überstunden. Warum also funktionieren selbstorganisierte Teams, die agil arbeiten?

Bei der Agilität treten Sie als Führungskraft zunächst einen Schritt zurück. Definieren Sie zu Beginn eines Projekts Zielfelder, denen sich das Team dann schrittweise annähern kann. Regelmäßige Scrum Meetings sollten Ihnen ausreichend Feedback geben, ohne dass Sie wie ein Mikro-Kontrolleur über die Schulter der Beteiligten blicken müssen. Vielleicht irritiert dieses »Loslassen« anfangs manches Führungsverständnis, die Erfolge sprechen jedoch für sich. In solchen Scrums können auch die Zielvorgaben flexibel an die Gegebenheiten angepasst werden.

Wenn Sie verpassen, Ihre Mitarbeiter rechtzeitig darauf vorzubereiten, sich selbst organisieren zu können, laufen Sie Gefahr, bald gestresste 24/7 arbeitende Menschen in Ihrem Unternehmen zu beschäftigen, die geradewegs auf ein Burn-out zusteuern. Tragen Sie Sorge dafür, dass trotz Vermischung von Privatleben und Arbeit ein ausgewogenes Verhältnis vorhanden ist, loben Sie und zeigen Sie Anerkennung.

3.5 Scrums und andere Hilfsmittel

Da Sie beim agilen Arbeiten Entscheidungsmacht abgeben, werden diese Entscheidungen in den Scrums flexibel von Teammitgliedern in Rotation übernommen. Der sogenannte Product Owner steht für die Sicht des Kunden und bringt Anforderungen und Änderungswünsche aufs Parkett.

Das Team organisiert selbstständig weitere zu gehende Schritte für den nächsten Sprint in Richtung Zielfeld. Sie als Führungskraft sollten für die entsprechenden Ressourcen sorgen, und ein Auge darauf haben, dass die benötigten Fähigkeiten durchgehend im Team vorhanden sind. Unterstützt wird das Team vom Scrum Master, der als Experte für das jeweilige Projekt dafür zuständig ist, eventuelle Hindernisse abzuschwächen oder zu eliminieren.

Natürlich ist agiles Arbeiten mehr als das Einführen von Scrums. Es gibt unzählige weitere Formate, die Sie bei der Umstrukturierung unterstützen und Ihren Teams die Entwicklungsprozesse leichter zu gestalten. So sind da etwa Stand-up Meetings oder Agile Games, die im Rahmen von Workshops durchgeführt werden. Gemeinsame spielerische Prozesse zeigen den Beteiligten auf, wie einfach und besser Dinge im Team bewältigt werden können. Teilweise haben die vorhandenen Methoden der Kommunikation ihren Ursprung in den Scrums, teilweise haben sie sich anderweitig entwickelt.

Sie als Führungskraft sollten sich gut überlegen, welche Methodenwelt zu Ihrem Unternehmen und den Menschen darin passt.

3.6 Klammern Sie nicht an Pläne

Durch gut abgestimmtes gemeinsames Handeln müssen Sie nicht unbedingt an vorgegebenen Plänen festhalten. Diese können sich im Laufe der Scrum Meetings ständig ändern und Sie können sich veränderten Gegebenheiten leichter anpassen.

3.7 Vertrauen Sie Ihren Mitarbeitern

Halten Sie sich stets vor Augen, dass starre Hierarchien der Vergangenheit angehören, wenn Sie mit Ihrem Unternehmen Erfolg haben wollen. *Vertrauen* Sie in erster Linie den Fähigkeiten Ihrer Mitarbeiter und schaffen Sie fixe Positionen nur mehr für die Zielerreichung bestimmter Projekte. Noch gibt es immer die vorherrschende Meinung, dass die Menge an Arbeitszeit die Leistung eines Mitarbeiters widerspiegelt. *Tatsächlich sollte die Arbeit erfolgsorientiert angegangen werden. So wird es möglichst irrelevant, wie lange jemand arbeitet und ob dies im Homeoffice oder in der Firma passiert.* Achten Sie bereits schon während des Einstellungsprozesses auf wichtige Verhaltensmerkmale, Ziele und Werte des neuen Mitarbeiters und machen Sie sich bewusst, dass diese Kriterien »eigentlich« schon immer gegolten haben. So, wie ich schon eingangs erwähnte: Eingestellt wurden Bewerber wegen ihrer hohen Qualifikation, gekündigt werden musste ihnen meist aufgrund ihres nicht zur Unternehmenskultur passenden Verhaltens.

Befürchtungen vor entstehenden Spannungen brauchen Sie keine zu haben. Spannungen sind in der Regel wichtig, da sie Hinweise geben, wie das Unternehmen weiterentwickelt werden kann. Natürlich müssen aufkommende Spannungen im Team produktiv besprochen und gelöst werden.

Um Ihren Mitarbeitern entsprechendes Vertrauen entgegenbringen zu können, muss eine vertrauensbildende Phase vorangehen. Damit Sie als Führungskraft die agile Arbeitsweise erfolgreich steuern können, müssen Sie sie selbst beherrschen. Anderenfalls laufen Sie Gefahr, die Agilität lediglich als neue Managementmethode zu nutzen.

Ohne entsprechende Veränderungen in der Führungskultur wird agiles Arbeiten auf jeden Fall nicht funktionieren, da die Gefahr besteht, dass immer wieder von oben in die Teamarbeit eingegriffen wird. Agiles Arbeiten kann Emotion, Kraft und Dynamik mit sich bringen, die Sie als Unternehmen abfangen müssen.

Doch Achtung: Bei allem Vertrauen gibt es hier eine kleine Stolperfalle. Leider nicht jeder Mensch – und damit auch nicht jede Führungskraft – ist mit dem Thema Selbstorganisation und Selbstführung genügend vertraut. Manche Menschen sind sogar – ganz im Gegenteil – einfach nicht dafür geschaffen und wollen vielleicht keine Entscheidungen treffen.

Es gibt durchaus auch Mitarbeiter, die es schlicht und einfach als anstrengend empfinden, selbstorganisiert zu arbeiten oder dem Konzept des lebenslangen Lernens zu folgen. Wie für solche Menschen die Realität eines agilen Unternehmens aussieht, sei infrage gestellt.

3.8 Wie Sie Ihr Unternehmen in ein agiles Unternehmen verwandeln

Sollen in einem Unternehmen die agilen Ansätze auf allen Ebenen umgesetzt werden, um so perfekt ins unternehmerische Ökosystem zu passen, so muss dies mit Bedacht umgesetzt werden. Ein erster Schritt sind neue Kommunikationsräume, wie Workshops oder Austauschmöglichkeiten, an denen jeweils ein bestimmter Anteil an Beschäftigten teilnimmt. Die Einladung zur Mitarbeit in ersten agilen Teams wird meist positiv aufgenommen. Schließlich ist sie so etwas wie der Vertrauensbeweis der Führungskraft. So wird meist gerne Verantwortung übernommen und dies als Anerkennung gewertet.

Auf der anderen Seite müssen Sie als Führungskraft genug Mut aufbringen, um Verantwortung abzugeben. Gelingt Ihnen dies, sind Sie bereits in der Lage, mit mehr Überzeugung in den sich verändernden Märkten zu bestehen. Sie können nun rascher auf Kundenanforderungen reagieren und sich so komplett auf den Kunden einlassen.

Gerade, wer sein Unternehmen als Ökosystem sieht, findet bei agiler Arbeitsweise eine wesentlich längere Kundenbindung, da diese mit Begeisterung einhergeht. Während bei klassischen Strukturen Barrieren auf dem Weg zum Ziel nur schwer zu überwinden sind, stehen bei agiler Arbeitsweise alle Türen offen.

3.9 Selbstorganisation als Zauberwort

Für viele Unternehmer ist schwer nachzuvollziehen, wieso dieses geforderte Maximum an Verantwortungsabgabe erfolgreich machen soll. Wenn Sie alle wichtigen Entscheidungen delegieren – was ist dann eigentlich noch die Aufgabe einer Führungskraft?

Eine Antwort lässt sich einfach formulieren: Statt zu kontrollieren und zu entscheiden, werden Sie in Zukunft unterstützen und konzipieren. Klassische Organigramme gehören definitiv der Vergangenheit an und Führungskräfte werden zu Menschen, die Dinge möglich machen, die etwas in Bewegung bringen.

Teams und Netzwerke kontrollieren sich selbst, beseitigen gemeinsam Hindernisse und teilen Wissen. Gemeinsam wird ein Erfolg schneller erzielt. Demotivierende Zustände, wie ständiges Einholen von Erlaubnissen, sollten der Vergangenheit angehören. Allerdings wollen diese selbstbestimmten Arbeitsvorgänge gut durchdacht und moderiert werden. Dies kann sowohl vom Personalbüro aus geschehen, oder auch von involvierten Externen oder anderen kompetenten Personen.

Als Startpunkt für das agile Arbeiten in Ihrem Unternehmen wählen Sie am besten eine Abteilung aus, die ohnehin schon neue Wege beschreitet. Dies natürlich erst, wenn Sie selbst bereits offen für das Thema sind. Anderenfalls laufen Sie Gefahr, das Ganze zu einer Alibiveranstaltung werden zu lassen. Führen Sie mit den Beteiligten eine Diskussion zum Thema und beginnen Sie so, die Fähigkeiten und Kompetenzen der Mitarbeiter einzufangen. Gelingt Ihnen dies, werden Ihre Mitarbeiter nicht mehr »für den Chef« arbeiten, sondern die vorgegebenen Projekte über spannende und vielleicht auch innovative neue Wege zum Ziel führen.

Natürlich ist und bleibt Loyalität dem Unternehmen gegenüber ein entscheidender Faktor. Wenn hier bei der Unternehmenskultur alles im grünen Bereich liegt, steht dem Schritt in Richtung Agilität nichts mehr im Wege.

3.10 Mit Vision und Mission zum agilen Unternehmen

Jeder einzelne Mensch, der im Ökosystem Ihres Unternehmens Platz gefunden hat, sollte über die Werte, die Mission und die Vision Ihrer Firma sehr gut informiert sein. Nur so ist gewährleistet, dass auch im Sinne des Unternehmens gehandelt wird. Oft werden diese Strategien leider vor den eigenen Mitarbeitern geheim gehalten oder sind einfach nicht in ausreichendem Maß vorhanden.

Gerade die Personalbüros von Unternehmen haben beim Aufbau agiler Arbeitsweisen eine Schlüsselrolle inne. So müssen nicht nur Menschen mit den passenden Fähigkeiten für die erforderlichen Rollen ausgewählt werden. Es ist dringend notwendig, optimal abgestimmte Onboarding-Programme für neue Mitarbeiter einzusetzen, in denen in den ersten Tagen Werte und Ziele des Unternehmens trainiert werden. Es wäre zudem vorbildlich, wenn gerade in größeren Unternehmen jeder neue Mitarbeiter einen Mentor im Bereich der Human Resources hat, der sich über einen längeren Zeitraum hinweg mit dem neuen Mitarbeiter beschäftigt und weiß, was dieser für Fähigkeiten und Bedürfnisse mit sich bringt.

Führungskräfte sorgen zudem dafür, dass keine Konkurrenzsituationen zwischen den Mitgliedern eines Teams entstehen. Ist dies nämlich der Fall, so wirkt sich das kontraproduktiv auf die Ergebnisse aus und gewohnte Hierarchien treten unerwünschterweise wieder aufs Tapet.

Wird hier alles richtig gemacht, so entwickeln sich mittelfristig Teams mit hoher Leistungsfähigkeit, deren Mitglieder in der Regel auch die agile Arbeitsweise zu schätzen wissen.

Natürlich gibt es immer wieder Menschen, die mit der agilen Arbeit nicht zurechtkommen können oder wollen. Mit entsprechender operativer Unterstützung der Leiter der Personalabteilung können diese mit Alternativen abgefangen werden.

Wichtig für den Übergang von der klassischen Unternehmensstruktur zum agilen Unternehmen ist es, die Vorgehensweise immer wieder durch Experten und psychologisch geschultes Personal anschauen zu lassen. So lässt sich eine positive Grundstimmung schaffen, die als Grundstein für späteren Erfolg fungiert.

3.11 Auch Agilität birgt einige Fallen

Will ein Unternehmen tatsächlich schnell und flexibel arbeiten, sei die Frage gestellt, ob auch eine *kompromisslose* Agilität gewünscht ist. Immerhin ist und bleibt eine stabile Grundorganisation nötig, um Verunsicherungen unter der Belegschaft zu entschärfen.

Genau betrachtet werden muss auch die Konstellation der Generationen, die in Ihrem Unternehmen arbeiten. Jüngere Menschen können in der Regel besser mit Agilität umgehen als ältere Generationen. Dies ist jedoch eher der Sozialisationsgeschichte geschuldet als dem individuellen Alter. Zudem bringen ältere Mitarbeiter oft gute Lösungsansätze mit, die auf ihrem jeweiligen langjährigen Erfahrungshorizont basieren und auf die auch nicht verzichtet werden sollte. Damit beugen Sie der Gefahr vor, dass das Rad in jeder Generation wieder neu erfunden wird.

Da in den neuen Teams vermutlich einiges an Konfliktpotenzial lauert, ist es Ihre Aufgabe als Führungskraft, solche Konflikte ab einem gewissen Eskalationsgrad moderierend zu lösen. Zu erwarten, dass ein zerstrittenes Team dies in konstruktiver Selbstorganisation bewältigen kann, ist relativ unrealistisch. Schauen Sie also genau hin und schreiten Sie dann ein, wenn Sie sehen, dass eine Mediation von außen unbedingt nötig ist. Leider laufen Führungskräfte oft Gefahr, durch das Übermaß an Selbstorganisation bereits von den Teams abgeschnitten zu sein. Finden Sie auch hier das richtige Maß an Teilnahme und lernen Sie, wann es Zeit ist, sich zurückzuziehen.

3.12 Recruiting im Wandel

Sie kennen das traditionelle Prozedere zur Auswahl und Einstellung kompetenter Mitarbeiter? In Zeiten von New Work und auf Ihrem Weg zum agilen Unternehmen können Sie alle bisherigen Vorgehensweisen getrost vergessen. Wenn Sie einige grundlegende Schritte beachten, können Sie ohne Bewerbungsmarathon die geeignetsten Kandidaten bequem herausfiltern und dabei noch überdurchschnittlich viele High Potentials mit an Bord holen. Halten Sie also Abstand von traditionellen Stellenanzeigen, Nachfragen bei der Agentur für Arbeit oder anderen Vermittlungsangeboten. Nutzen Sie eher die Angebote guter Personalberatungen, die sich in Ihrem Umfeld gut auskennen und Ihnen ganzheitliche Lösungen anbieten können. Schauen Sie sich in den Bereichen um, in denen sich potenzielle Kandidaten gerne aufhalten. Bei einem richtigen Ansatz und einem guten *Employer Branding* werden Ihnen geeignete Bewerber und Erfolg versprechende Bewerbungsgespräche frei Haus geliefert. Sie brauchen nur mehr zugreifen.

3.13 Erfolgsfaktoren für Recruiter in Zeiten von *New Work*

Die meisten Arbeitgeber suchen noch immer nicht auf dem richtigen Weg nach passenden Mitarbeitern für ihr Unternehmen. Die Generation Z und andere geeignete Kandidaten tummeln sich nämlich keineswegs auf den klassischen Job-Plattformen. Bereits heute sind unzählige Leitfäden erhältlich, die sich gezielt mit dem korrekten Verwenden sozialer Medien und Messenger-Diensten zum Zwecke der Mitarbeitergewinnung beschäftigen. In der Praxis längst erprobt, müssen Sie als Personalverantwortlicher möglichst schnell nachziehen, um sich wertvolle Arbeitskräfte nicht von anderen Unternehmen wegschnappen zu lassen. Auch hier ist das proaktive

Miteinbeziehen einer guten Personalberatung von großer Bedeutung für den nachfolgenden Erfolg.

Schlagwörter wie Mobile Recruiting haben längst den Markt an Arbeitskräften erobert und lassen Sie als klassischen Personalverantwortlichen schnell alt aussehen, sollten Sie immer noch vorhaben, ausgedruckte Bewerbungen auf Ihrem Schreibtisch zu stapeln.

3.13.1 Vergessen Sie alte Traditionen

Die neuen Prozesse zur Personalgewinnung unterscheiden sich deutlich von bisherigen Vorgehensweisen. Selbst die finale Entscheidungsfindung ist nicht mehr allein dem Chef vorbehalten, sondern wird nun unter Beteiligung des Teams getroffen. Die Teams bestimmen, wer ihre zukünftigen Kollegen sein sollen, während der Vorgesetzte sich mit einem Vetorecht begnügt.

Von entscheidender Bedeutung ist die *heterogene* Zusammensetzung der Teams. In der Vergangenheit stellten Führungskräfte gerne Mitarbeiter ein, mit denen sie zu harmonisieren schienen - Gleiches gesellt sich gerne zu Gleichem. Teams und Chefs, die vom Typus her gerne eine globale Sicht auf Vorgänge und Dinge haben, vermeiden gerne solche Typen, die detailverliebt sind und das Haar in der Suppe finden. Für eine harmonische Teamarbeit sind solche Charakterzüge von Vorteil, für einen durchschlagenden Erfolg im agilen »Rapid Prototyping« jedoch tödlich. Jedes Team sollte so aufgestellt sein, dass es verschiedene – teilweise gegensätzliche – Typen enthält, nur dann kann es sein Potenzial und seine Performance erhöhen. Jedes Team braucht eine Persönlichkeit, die gerne entscheidet und schnelle Ergebnisse bevorzugt, genau so, wie eine Persönlichkeit die visionär denken kann. Detailverliebte Persönlichkeiten helfen mit, Fehler zu vermeiden und empathische Socializer haben ein Gespür, um das Team immer wieder zu harmonisieren. Die möglicherweise entstehenden Spannungen in solchen heterogenen Teams können über entsprechende Teamentwicklungen von Beginn an weitestgehend vermieden werden.

Im Gegensatz zu klassischen Bewerbungsvorgängen geht es im agilen Unternehmen darum, sich erst auf die tatsächlichen Anforderungen des ausgeschriebenen Jobs zu einigen. Lange Listen von gefragten Skills sind dabei nicht wirklich hilfreich. Stattdessen sollten Sie mit dem entsprechenden Team konkrete Performance-Ziele definieren und gleichzeitig herausfinden, *was dieser Job dem Bewerber an Vorteilen bringen könnte*. Nur so können Sie eine gute Stellenbeschreibung verfassen.

3.13.2 Mobile Recruiting

Mittels Mobile Recruiting sind Sie als Personalverantwortlicher in der Lage, Ihre Produktivität empfindlich zu steigern. Kurznachrichtendienste, wie etwa WhatsApp sind für Bewerbungsprozesse geradezu prädestiniert. Zahlreiche Optionen ermöglichen Ihnen, die Spontaneität und Kreativität der Bewerber auf Herz und Nieren zu prüfen, und das, ohne ein einziges Bewerbungsgespräch führen zu müssen.

3.13.3 Auswahl und Einladung

Am Beginn jedes Bewerbungsprozesses steht die Stellenanzeige. Auch agile Unternehmen sprechen potenzielle Mitarbeiter erst über klassische Kanäle an, dafür sind Stellenanzeigen, Messen und andere empfehlungsmarketingtechnische Events geeignet. Allerdings sind die Anzeigen eines agilen Unternehmens bereits komplett anders erfasst, als wir das aus dem klassischen Recruiting kennen. Doch worin liegt der Unterschied genau?

In der klassischen Stellenanzeige wurde der Fokus im Allgemeinen auf das Profil und die künftigen Aufgaben der zu besetzenden Stelle gelegt. Die Stellenanzeige eines agilen Unternehmens hingegen glänzt mit einer Tonalität, die Lust darauf macht, *Teil der Organisation* zu werden. Listen Sie neben den Vorteilen, die der Kandidat aus dem Job ziehen könnte, ein bis zwei der größten Herausforderungen auf, die die Stelle mit sich bringt. Der Bewerber wird aufgefordert, selbst zu zeigen, was er kann und wofür er sich begeistert. Wichtiger als formale Kriterien ist in jedem Fall die Individualität. Diesbezügliche Informationen können auf unterschiedlichsten Wegen zu Ihnen in die HR-Abteilung gelangen: per E-Mail, per Smartphone oder anderweitig.

Sie als Personalverantwortlicher treffen eine Vorauswahl und führen mit den Bewerbern ein telefonisches Interview. So können Sie feststellen, ob die Wertvorstellungen und Kenntnisse Ihres Wunschbewerbers mit denen Ihres Unternehmens kompatibel sind. Von da aus kommt der Bewerber in den Recruiting-Marktplatz-Topf, auf den alle

Teams Ihres Unternehmens Zugriff haben. Wird in einem Team ein Kollege benötigt, kann auf diesen Topf zugegriffen und ein passender Kandidat ausgewählt werden.

3.13.4 Kennenlernen und Einstellung

Wird nun ein Bewerber von einem oder mehreren Teams ausgewählt, kommt ein erstes Kennenlernen zustande. Herkömmliche Bewerbungsgespräche werden dabei allerdings nicht eingesetzt. Vielmehr geht es darum, offene Fragen zu klären und festzustellen, ob der Bewerber für eine agile Arbeitsweise geeignet ist. Das Team sollte feststellen, ob Teamgeist und Transparenz der Person auch zum Rest der Mitarbeiter passen.

Sie als Personalverantwortlicher erhalten spätestens bei der Neueinstellung die frohe Kunde. In Ihrer Verantwortung liegt es nun, die inhaltlichen und organisatorischen Komponenten des Onboardings zu gestalten und zu planen. Stellen Sie Mentorenprogramme und Ähnliches auf die Beine, mithilfe derer der neue Mitarbeiter sich schnell im Arbeitsalltag zurechtfinden wird.

3.13.5 Der richtige Mix aus Industrie, Forschung und Start-ups

Business-Ökosysteme entstehen in vielfältiger Hinsicht. So kann sich beispielsweise ein großer Automobilhersteller mit einer bekannten Versicherungsagentur und einer kleinen Fahrschule über die Plattform eines Start-ups vernetzen. Auch wenn es im ersten Moment als ungleiches Verhältnis erscheinen mag, entsteht hier ein weiteres Ökosystem, bei dem alle Beteiligten gleichberechtigt arbeiten. Alle Teile profitieren von der Expertise und den Ressourcen der anderen.

Gerade auch die Global Player können durch unternehmerische Ökosysteme Mehrwert erfahren. Neue Ideen und eine unweigerlich daraus folgende Innovationsdynamik beschleunigen Wachstum. Sie können also auch als größeres Unternehmen ohne Scheu die Symbiose mit Start-ups eingehen und von deren frischem Wind profitieren.

Bevor der Entschluss fällt, sich in ein Business-Ökosystem einzubringen, gilt es, folgende drei grundlegende Fragen zu beantworten. Nur dann kann das Wertschöpfungsnetzwerk einwandfrei funktionieren.

- Welche Aufgabe bildet die Basis für ein künftiges Wertversprechen?
- Wie viele Partner werden mit ins Boot geholt?
- Ist das Verhältnis von erwartetem Nutzen und eingegangenem Risiko für das betreffende Netzwerk positiv?

Unternehmerische Ökosysteme transformieren die altbekannte Wertschöpfungskette in ein sogenanntes Value Network, ein Netzwerk, das Wettbewerbsvorteile mit sich bringen sollte und neue Märkte erschließt. Natürlich ist diese Umstrukturierung auch mit Risiken verbunden. So müssen Sie für die Koordination dieser Netzwerke Aufwendungen tätigen und gehen eine wechselseitige Abhängigkeit ein.

Im Idealfall werden große Unternehmen mit Start-ups so vernetzt, dass neue Synergien auftauchen. Auf der einen Seite müssen technische und wirtschaftliche Ansätze vernünftig verknüpft werden, auf der anderen hilft das Ökosystem, die Dynamik der Beziehungen korrekt zu analysieren.

Der große Teil erfolgreicher Business-Ökosysteme steht und fällt mit digitalen Plattformen. Selbst wenn Sie sich mit Ihrem Unternehmen subjektiv als Inhaber einer Wertschöpfungskette fühlen, muss dies nicht gegen ein Wertschöpfungsnetzwerk sprechen, sondern kann diese ganz einfach auch horizontal erweitern.

4 Die Bedeutung von »New Work«

Durch den strukturellen Wandel, den unsere Arbeitswelt bereits seit einigen Jahren durchläuft, ist auch eine neue Art, Leben und Arbeit zu verbinden, notwendig geworden. Hier findet die ganze Bewegung des sogenannten *New Work* ihren Ursprung.

Durch verschiedene Faktoren wie zunehmende Globalisierung und fortschreitende Digitalisierung wird es nötig, unsere Arbeitsweise anzupassen. Der klassische Nine-to-five-Job hat in den meisten Branchen ausgedient, die Trennung zwischen Arbeit und Privatleben ist längst verschwommen. Vorab lässt sich bereits feststellen, dass *New Work* bei richtiger Führung durchaus gut funktionieren kann, selbst wenn der eine oder andere Mitarbeiter damit anfangs vielleicht noch überfordert ist. Wird ein solches Arbeitskonzept hingegen ohne fundierten Hintergrund einfach in die Runde geworfen, ist Chaos vorprogrammiert.

Menschen stehen vor der alles entscheidenden Frage: Was will ich im Leben machen? Warum habe ich eigentlich den Beruf gewählt, den ich ausübe? Hier kommen wir schnell zu der Einsicht, dass niemand seinen Beruf aufgrund einer bestimmten Tätigkeit ausgewählt hat. Vielmehr standen persönliche Vorlieben, finanzielle Erwartungen, Sicherheitsbedürfnisse und individuelle Fähigkeiten im Vordergrund, die wir ursprünglich mit dem Beruf verbanden – auch wenn dies dann nicht immer der Realität entsprach. Genau hier findet das Konzept des *New Work* seinen Ansatz.

New Work kann sich in vielfältigen Arbeitsformen realisieren. Da ist einerseits das agile Unternehmen mit seinen Scrums und flachen Hierarchien.

Entsprechend steht auch die Work-Life-Integration als neue Arbeitsweise in den Startlöchern. Im Mittelpunkt dieses Konzeptes steht das Verschwimmen der Trennung von Privatleben und Arbeit, die, sofern es die Aufgabe zulässt, auch im Homeoffice oder fernab des Unternehmenssitzes stattfindet. Arbeit soll dadurch flexibler gestaltet werden, Privates wird auch in der Arbeitszeit erledigt und Arbeit in der Freizeit. Der Beruf wird zur Berufung.

Crowdworking ist ein weiteres Konzept, das im Zuge von Arbeit 4.0 stark an Beliebtheit gewinnt. Crowdworker arbeiten über Internetplattformen, wo sie mit Unternehmern zusammentreffen. Auch wenn heute die meisten Crowdworker dies nebenberuflich betreiben und Unternehmer noch nicht auf fest angestellte Mitarbeiter verzichten, ist das Wachstum dieser Art von hierarchieloser Zusammenarbeit beträchtlich.

Alle diese und ähnliche neue Arbeitskonzepte existieren auch als Hybride unter dem Label *New Work*.

4.1 »New Work« und »Future Work« einfach erklärt

Damit unsere Arbeit auch weiterhin das Unternehmen zum Erfolg führt, müssen wir diese neu und innovativ organisieren. Das gilt für Führungskräfte ebenso, wie für Mitarbeiter in allen anderen Bereichen. Diese neue sinnstiftende Arbeit wird als *New Work* bezeichnet.

Entstanden ist das Konzept des Arbeitens 4.0 bereits Ende der 70er-Jahre, als durch die Automatisierung der Industrie ein Wandel an Aufgaben für bisherige Fließbandarbeiter notwendig wurde. Durch die heute stattfindende Digitalisierung wird dieses Konzept nochmals auf ein neues Level gehoben. Natürlich beinhaltet *New Work* auch schicke, neue Office Spaces, moderne Technologien und flexible Arbeitszeiten. Im Zentrum der Bewegung steht jedoch die Idee, dass wir sorgsamer mit Menschen und Ressourcen umgehen müssen. Wandelt sich der Mitarbeiter vom Werkzeug zum Individuum, haben wir erreicht, was wir suchten: den Sinn in der Arbeit, den Sinn in der Aufgabe.

Hierbei muss sich in der Regel zuallererst das Personalwesen an die neuen Gegebenheiten anpassen, um wieder eine wertschöpfende Funktion einzunehmen. Eine moderne Führung auf Augenhöhe stellt statt klarer Ansagen eine Coachingfunktion in den Vordergrund.

Wichtig ist nicht nur, neue Talente zu rekrutieren, sondern diese auch langfristig zu halten. In den heutigen Zeiten haben Menschen keine Skrupel mehr, bei kleinen Hindernissen rasch den Arbeitsplatz zu wechseln. Besonders talentierte Mitarbeiter haben dabei keinerlei Probleme. Wie können wir also das nunmehr wertvollste Gut, die menschlichen Fähigkeiten, im Unternehmen halten?

Damit eine entschärfte Hierarchie nicht mehr nur darin besteht, dass der Chef ebenfalls im Großraumbüro sitzt, ist in erster Linie ein Arbeiten auf Augenhöhe gefragt. Wer als Führungskraft grundsätzlich Wertschätzung in seinem Stil zeigt, wird das Thema flache Hierarchie recht einfach meistern.

Die Idee der neuen Arbeitsweise stammt von einem Sozialphilosophen namens Frithjof Bergmann. Dieser beschäftigte sich mit der grundlegenden Frage nach der Freiheit des Menschen und kam rasch zu dem Schluss, dass besonders die Arbeit ein Schlüsselpunkt zur Unfreiheit ist.[3] Damit geht seiner Meinung nach das Ende der bisherigen Arbeitsstruktur Hand in Hand. Doch wie soll die neue Arbeit aussehen?

Natürlich ist es nicht ausreichend, Mitarbeiter mit Smartphones und Notebooks auszustatten und ihnen so mehr örtliche Freiheit zu geben. Vielmehr steht die Frage im Raum, was ein Mensch im Leben wirklich machen möchte, die Frage nach dem »Warum«. Genau da sollten Sie als Führungskraft anknüpfen, sobald Sie diese grundlegende Frage auch für sich selbst geklärt haben.

Was steckt hinter dieser wichtigen »Warum«-Frage? Ein »Warum« fragt nach der Sinnhaftigkeit des Tuns und stellt damit die Frage, woher Energie und Antrieb kommen. Erledigen Sie einfach nur einen Job oder sind Sie begeistert von dem, was Sie tun? Führungspersönlichkeiten unterscheiden sich an dieser Stelle von Vorgesetzten und Managern: Sie interessieren sich vor allem für das »Warum« ihrer Mitarbeiter und unterstützen diese darin, zu wachsen und ihre Aufgaben noch besser zu lösen.

Daher ist es auch so wichtig, im Einstellungsverfahren neben der fachlichen Qualifikation insbesondere nach dem »Warum« zu fragen.

Ich trage gerne Sportuhren. Es braucht sicherlich hervorragende Entwickler, um eine stabile Software für diese Geräte zu entwickeln. Natürlich wollen Sie den Besten seines Faches finden, da Sie Ihren Kunden ein Versprechen gegeben haben. Das wichtigste Auswahlkriterium jedoch ist: Handelt es sich bei den Kandidaten für diesen Job um erfahrene und begeisterte Läufer, Radfahrer, Segler, Golfer? Weiß der Entwickler, worauf es neben sauber geschriebenem Code wirklich geht? Kann der

3 Bergmann, Frithjof: *New Work New Culture, Work We Want and a Culture that Strengthens Us*. John Hunt Publishing, zero books, Winchester, Washington 2019.

Entwickler verstehen, für welche Informationen das Herz des Kunden schlägt, wenn dieser an einem Ironman oder einer Alpenüberquerung teilnimmt? Ist der Entwickler ein begeisterter Sportler und identifiziert sich mit seiner Aufgabe? Dann ist das Schreiben eines stabilen Codes Nebensache und der Entwickler wird Ihnen noch viele Vorschläge unterbreiten können, wie das Produkt weiterhin verbessert und ergänzt werden kann.

Binden Sie Ihre Mitarbeiter über das Herz und den Bauch und weniger über den Kopf. Der ›perfekte‹ Codeschreiber wird vielleicht schon morgen ein besseres Angebot von einem Pharmaunternehmen bekommen. ›Ihr‹ Entwickler ist Ihnen wahrscheinlich noch lange dankbar, dass er sein ›Hobby‹ zum Beruf machen durfte.

Damit Menschen ihre eigenen Fähigkeiten und Stärken in ihre Arbeit erfolgreich einbringen können, benötigen sie Begleitung. Standardisierte Zeiten und Orte lösen sich auf und – unterstützt von der Digitalisierung – eröffnen sich neue Kommunikationskanäle. So sind die Arbeitsplätze der Zukunft mehr und mehr im Homeoffice und im Bereich des Remote Work angesiedelt.

Dass es dazu eine gehörige Portion Vertrauen benötigt, steht außer Frage. Durch verwischte Grenzen zwischen Arbeit und Freizeit wird aber auch die Attraktivität der Arbeitsplätze gesteigert. Die meisten Tools, die benötigt werden, um Arbeit in Leben und Alltag zu integrieren stehen heute bereits zur Verfügung. Die hohe Anzahl an neuen Berufen, wie etwa Blogger oder Influencer, oder neue Konzepte, wie Crowdfunding, zeigen uns bereits seit geraumer Zeit, wie die Arbeit der Zukunft auf allen Ebenen aussehen kann.

New Work zeigt sich – mag man Dr. Bergmann Glauben schenken – durch eine Kombination aus Selbstbestimmung und Selbstversorgung. Nur so kann die Arbeit einen Menschen auch mit Sinn erfüllen. Natürlich gibt es immer Dienstleistungen und Unternehmen, in denen physische Arbeit erforderlich ist und diese auch an einem bestimmten Ort ausgeführt werden muss. Allerdings gibt es auch in diesen Branchen gewisse Entwicklungen hin zu einem selbstbestimmten Arbeiten.

Während das Konzept des *New Work* also auch Themen wie verschwindende Hierarchien beinhaltet, so beschäftigt sich das Konzept des »Future Work« mit neuen Möglichkeiten auf technologischer Basis und somit nicht zuletzt auch mit digitalen Ökosystemen. So stehen im Fokus des Future Work Fragen wie: Welche Roboter werden in Zukunft nützlich sein? Welche Berufe werden nicht mehr gebraucht werden und welche neuen werden dafür geschaffen?

4.2 Veränderte Kommunikation in der Arbeitswelt 4.0

Um der neuen Arbeitswelt gerecht zu werden, benötigen Menschen einen nicht formalen Austausch von Informationen. Sie als Führungspersönlichkeit an der Spitze eines Unternehmens sollten dafür folgende Schwerpunkte setzen.

In erster Linie ist es ausschlaggebend, dass Sie sich selbst führen können. Nur dann wird es Ihnen gelingen, Macht an andere Menschen abzugeben und erfolgreich zu kommunizieren. Erfolgreiche Kommunikation und guter Dialog sind Schlüssel zu einem erfolgreich agierenden Team.

Vermeiden Sie Meetings, die länger als 30 Minuten dauern, und fördern Sie das agile Arbeiten soweit wie möglich. Nachhaltigkeit und Offenheit sind die Basis für erfolgreich angewandtes *New Work*. Menschen, die kreativ tätig sein sollen, benötigen neben ihrer Arbeit in jedem Fall auch genügend Freiraum für Erholung und Abwechslung. Sorgen Sie dafür, dass sich die Arbeitsumgebung an den Bedürfnissen Ihrer Mitarbeiter orientiert. Auf diese Weise wird sich deren Wohlbefinden und in Folge deren Produktivität merklich steigern. Beziehen Sie Ihre Mitarbeiter in agile Prozesse mit ein. Das bedeutet nicht, dass Sie von nun an planlos arbeiten sollen. Auch Agilität benötigt eine gut geführte Struktur. Diesen Spagat zwischen Delegieren und Anleiten können Sie nur schaffen, wenn Sie die Fähigkeit entwickelt haben, sich selbst professionell führen zu können.

4.3 Selbstbestimmung und Mixed Teams

Der erste Schritt, um selbstbestimmtes Arbeiten zu erreichen, besteht darin, strenge Hierarchien abzuflachen und anstelle dessen neue Systeme zu integrieren. Es muss genügend Platz zur Entfaltung persönlicher Fähigkeiten geschaffen werden. Das bedeutet für den Unternehmer, dass Freiräume für die Mitarbeiter geschaffen werden müssen. Sei es im räumlichen, zeitlichen oder kreativen Sinn. Alle Beteiligten sollen sich ohne Hindernisse austauschen können, um so zu neuen Lösungsansätzen und Ideen zu gelangen.

Das althergebrachte Konzept verschiedener Abteilungen, die einer strikten Abteilungsleitung unterliegen, ist damit überholt. Anstelle der Abteilungen treten nun Projekte. In Teams werden die Mitarbeiter in einem Netzwerk organisiert, die für das jeweilige Projekt die geeignetsten Fähigkeiten mitbringen. Dabei sind die Netzwerke nicht mehr nur auf das Unternehmen an sich beschränkt, sondern involvieren durchaus auch externe Partner, Kunden und andere Experten auf dem Gebiet.

Doch wie sollen diese Netzwerke aussehen, um erfolgreich zu sein? In der Praxis trifft man immer wieder auf sehr homogene Teams. Dies heißt, dass Menschen mit ähnlichem Wissen oder gar ähnlichem sozialen Status organisiert werden. Solche homogenen Netzwerke sind allerdings eingleisig. Was Ihre Teams erfolgreich machen wird, ist ein ganz anderer Ansatz.

Sogenannte Mixed Teams bestehen aus einer Vielfalt an ganz unterschiedlichen Mitgliedern. Der heterogene Ansatz hilft dabei, ganz unterschiedliche Perspektiven mit ins Projekt einzubringen und führt in der Folge zu Ergebnissen, die denen homogener Teams weit überlegen sind. Doch warum ist das so?

Durch unterschiedliche Informationsansätze werden viel leichter neue Ideen geboren. Unterschiedlichste Fachkräfte müssen gemeinsam zu einem Ergebnis kommen, das aufgrund des schwer zu erreichenden gemeinsamen Nenners in der Regel um einiges mehr an Fundament mit sich bringt. Eine amerikanische Studie[4] zeigt, dass es absolut unverzichtbar ist, immer schneller innovative Ansätze vorzuweisen, um auf den sich ständig verändernden Markt reagieren zu können. Agiles Arbeiten hat aus diesem Grund auch den Begriff »Rapid Prototyping« geprägt.

Nicht nur Teams, die unterschiedliche Kenntnisse vorweisen, sind nachweislich erfolgreicher. Interessanterweise erweitert sich der Vorteil auch auf Teams, die sozial unterschiedlicher Herkunft sind. Menschen mit unterschiedlichem Background bringen jeweils eine völlig andere Sichtweise auf ein und dasselbe Problem mit.

Natürlich bringt der Begriff »Diversität« an einigen Stellen in der Gesellschaft noch Angst und Vorurteile mit sich. Konflikte scheinen dadurch vorprogrammiert. Halten

4 Phillips, Katherine: How Diversity makes us smarter, https://www.scientificamerican.com/article/how-diversity-makes-us-smarter/ (abgerufen am 3.2.2020), Oktober 2014.

Sie sich stets vor Augen, dass genau diese Diversität die Kreativität fördert. Neue Sichtweisen, wie sie nur in Mixed Teams auf den Plan kommen, führen dazu, dass Probleme effektiver gelöst und damit bessere Entscheidungen getroffen werden.

4.4 Der digitale Arbeitsplatz – Technologie als Chance für flexibles Arbeiten

Wenn Sie davon ausgehen, dass in Zukunft Menschen so arbeiten, wie sie wirklich wollen, und besonders ihre persönlichen Fähigkeiten und Interessen in den Vordergrund stellen sollen, so sollten Sie sich auch vom Konzept der Abteilung und dem klassischen Bürokonzept verabschieden. Die neue Infrastruktur sieht völlig anders aus!

Bei der Neuorganisation sind drei Komponenten gefragt. Einerseits muss die Organisation komplett umgekrempelt werden. Zudem sieht auch die architektonische Aufteilung anders aus und zu guter Letzt wird eine neue technische Infrastruktur vonnöten sein. Nur ein in allen drei Punkten gut aufgestelltes Netzwerk kann funktionieren.

Sie als Verantwortlicher für Personalwesen sollten dabei den Schwerpunkt so legen, dass Ihre Mitarbeiter eigene Interessen, die Arbeit und ihr soziales Umfeld harmonisch in Einklang bringen können. Durch eine solche, fast möchte man sagen familiäre Umgebung werden die Menschen sich mit ihrer Arbeit identifizieren können und zu Höchstform auflaufen.

Dafür werden virtuelle und physische Arbeitsräume komplett verändert. Das Homeoffice nimmt einen zentralen Stellenwert ein, auch Co-Working-Spaces gehören zum Arbeitsplatz der Zukunft wie das Salz in die Suppe. Arbeitsplätze, wie wir sie bislang gewohnt sind, fördern in der Regel keine Kreativität, selbst wenn in einem ersten Ansatz auch heute bereits die Mitarbeiter an der Gestaltung ihrer Büros beteiligt werden. Inspirierend ist in jedem Fall eine offen gehaltene Architektur mit verschiedenen Rückzugsmöglichkeiten.

Wurde genügend Vertrauensarbeit geleistet und wissen Sie, dass Ihre Mitarbeiter loyal und motiviert in das Konzept *New Work* einsteigen, so können Sie getrost in das Experiment Homeoffice und Netzwerken einsteigen.

Je nachdem, welche Art von New Work Sie in Ihrem Unternehmen einführen, sind andere infrastrukturelle Änderungen gefragt. Wollen Sie agil arbeiten, müssen sie Mitarbeitern innerhalb des Unternehmens die geeigneten Räume schaffen. Setzen Sie auf Homeoffice und Vertrauensarbeitszeit, so verlangt dies nach entsprechender technischer Infrastruktur, wie etwa Cloud-Services und Desk-Sharing-Plätzen, bei denen Mitarbeiter bei Bedarf einen Arbeitsplatz in der Firma nutzen können.

4.5 Digitales Arbeiten in Krisenzeiten

Wer sein Unternehmen bereits auf digitale Arbeitsplätze umgestellt hat, hat auch in Krisenzeiten, wie etwa bei der Corona-Pandemie, die Nase vorn. Aufgrund des Virus hieß es im März und April 2020 für unzählige Unternehmen »plötzlich Homeoffice«. Dies ist einerseits für viele ein Sprung ins kalte Wasser, andererseits bringt eine solche Krise die Digitalisierung im Eiltempo voran. Gewollt oder nicht wird das Homeoffice von heute auf morgen zum Standard. Die Menschen sollen möglichst in den eigenen vier Wänden bleiben, jegliche persönlichen Kontakte vermeiden und so zu einem Rückgang der Ansteckungen beitragen. Doch nicht alle Firmen sind auf diesen Schritt vorbereitet und verlieren nun wertvolle Zeit, ein entsprechendes Set-up aus dem Boden zu stampfen.

Da das Gros der Betriebe auf eine solche Entwicklung gar nicht oder nicht ausreichend vorbereitet ist, stellt es für viele Unternehmen eine große Herausforderung dar, auf die Schnelle passende Infrastruktur zur Verfügung zu stellen und sich mit dem Konzept der Vertrauensarbeitszeit anzufreunden. Mitarbeiter werden ins kalte Wasser geschmissen. Wer digitale Arbeitsplätze bereits in seinem Unternehmen integriert hat, hat nun ein wesentlich leichteres Standbein.

Klang es für viele Menschen wie ein Traum, auch mal im Pyjama am Küchentisch ein Meeting zu absolvieren, so wird es schnell klar, dass viele Mitarbeiter mit der neuen Verantwortung überfordert sind. Nicht nur die technische Infrastruktur muss nun selbst instand gehalten werden. Auch störende Familienmitglieder oder der Kühlschrank sorgen für reichlich ungewollte Ablenkung. Gerade deshalb ist es für Sie als Führungskraft besonders wichtig, bei der Wandlung zum agilen Unternehmen Ihre Mitarbeiter gut auf die neue Eigenverantwortung vorzubereiten.

Nicht nur klassische Bürojobs werden zurzeit radikal in die Eigenheime der Bürger verlagert. Ganze Nachrichtensendungen werden vom heimischen Schreibtisch aus moderiert, Callcenter sind in die Wohnungen der Angestellten verlagert und selbst die Bundeskanzlerin regierte zwischenzeitlich aus dem eigenen Wohnzimmer. Erst eine Krise wie Corona zeigt uns auf, was eigentlich alles im Sinne von *New Work* und digitalem Arbeitsplatz machbar ist. Mittels Videokonferenzen und vielen anderen netzwerkbasierten Tools zur Zusammenarbeit, wie Teams, Zoom, Sharepoint- und Cloudanwendungen, ist gewährleistet, dass Projekte auch in diesen Zeiten nicht stillstehen.

Schulunterricht findet ebenso über mobile Anwendungen statt, wie Meetings. Durch den plötzlichen Einsatz der neuen Plattformen wurde in den ersten Tagen meist für ausreichend Chaos gesorgt. Doch damit sich die Teams nicht im mobilen Arbeiten verlieren, gilt es, einfache Kommunikationsregeln einzuführen, sobald feststeht, dass Sie Ihr Unternehmen agil und mit mobilen Arbeitsplätzen führen wollen. Sei es ein telefonisches Scrum Meeting jeden Morgen oder eine gemeinsame WhatsApp-Gruppe – Kontakt ist nicht nur in Zeiten von absoluter Isolation besonders wichtig, um sich gegenseitig auf dem Laufenden zu halten.

Sie als Unternehmer sollten sich neben infrastrukturellen Gegebenheiten auch rechtzeitig arbeitsvertragliche Dinge zu Gemüte führen, die längere Homeoffice-Zeiten Ihrer Mitarbeiter regeln. Viele Mitarbeiter werden es noch nicht gewöhnt sein, eigenverantwortlich von zu Hause aus zu arbeiten, weswegen hier eine vertragliche Festlegung von allen Rahmenbedingungen nötig sein wird. Besonders Arbeitszeiten und Erreichbarkeit sind gut zu definieren, um den Sprung ins kalte Wasser erfolgreich zu überleben.

Vertraglich regeln müssen Sie auch eine Datenschutzvereinbarung zum Homeoffice. Da Sie als Unternehmer wenig bis keine Kontrolle über den Umgang mit sensiblen Daten im Homeoffice des Mitarbeiters haben, sollte vertraglich geregelt sein, welche datenschutzrechtlichen Maßnahmen der Mitarbeiter ergreifen muss. Sorgen Sie als Unternehmer dafür, dass Ihre Mitarbeiter entsprechende PC oder Laptops gestellt bekommen, damit nicht mit dem privaten Computer gearbeitet wird und der Firmenlaptop entsprechend technisch gesichert ist. Betrachten Sie die ersten Erfahrungen aus der Corona-Krise als ersten Schritt in die richtige Richtung und nicht als Ergebnis.

4.6 Welche Herausforderungen müssen Arbeitgeber 4.0 meistern?

Ihre Aufgabe als Führungskraft besteht darin, für die Menschen, die in Ihren Teams kreativ und erfolgreich Projekte zum Erfolg führen sollen, ein entsprechendes Umfeld zu schaffen. Nur Räume, die auch inspirieren, fördern neue Ansätze. Geben Sie Ihren Mitarbeitern stets das Gefühl, dass ihre Ideen ernst genommen werden und gern gesehen sind. Wenn die Räumlichkeiten dies widerspiegeln, so sind sie eine große Hilfe bei der Entwicklung von Neuem.

Schaffen Sie Bereiche, in denen die Teams nach Bedarf zusammenarbeiten können. Raum für Unterhaltung, Austausch und konzentrierte Teamarbeit sind das A und O eines erfolgreichen *New Works*. Studios in unterschiedlichen Größen fördern das Teilen von Wissen und die Entstehung neuer Konzepte. Auf der anderen Seite werden auch Rückzugsorte für intensives Nachdenken und ungestörtes Arbeiten gefragt sein. Nur so können Ideen reifen. Alle diese Bereiche Ihres Unternehmens müssen über ausreichend technische Hilfsmittel verfügen.

Die Gestaltung des Arbeitsplatzes wirkt sich direkt auf die Loyalität von Menschen gegenüber dem Unternehmen aus. Jedes Jahr zeigt der Gallup Engagement Index auf, wie sehr sich deutsche Mitarbeiter mit ihren Arbeitgebern verwurzelt fühlen. In Deutschland ist es tatsächlich nur ein kleiner Anteil von Menschen, die sich mit dem Unternehmen, in dem sie arbeiten, emotional verbunden fühlen.

Wenn man bedenkt, dass es besonders im Zuge der Digitalisierung gilt, Talente im eigenen Unternehmen zu halten, ist dies nicht gerade beruhigend. Schließlich kämpfen Arbeitgeber um genau diese Talente. Die Menschen, die tatsächlich engagiert sind und ihrem Unternehmen gegenüber maximale Loyalität bezeugen, tun dies aus genau zwei Gründen: Sie mögen ihren Arbeitsplatz und der Arbeitgeber passt zu ihrem Lebensstil.

Sie als Führungskraft oder Personalverantwortlicher müssen sich also dessen bewusst sein, dass Sie einzig und allein mit Ihrem Verhalten Mitarbeiter zur emotionalen Bindung führen.

Doch wie sieht der ideale Arbeitsplatz tatsächlich aus? Auch dazu gibt es eine signifikante Studie von Steelcase.[5] Diese zeigt, dass zu den stärksten Bedürfnissen der Arbeitnehmer zählt, dass sie selbst wählen können, wo und wie sie arbeiten. So sollten Sie neben den unterschiedlichen Formen an Privatsphäre auch sicherstellen, dass Räume für unterschiedliche Körperhaltungen vorhanden sind. Sowohl das emotionale Wohlbefinden als auch die physische und kognitive Gesundheit der Menschen führen direkt zu mehr oder weniger Produktivität der Mitarbeiter.

So werden in der Steelcase-Studie sechs Dimensionen aufgezeigt, für die im idealen Raum Platz geschaffen werden muss. Dabei entsteht eine Art Ökosystem von Räumen, das einerseits der Gesundheit der Menschen entgegenkommt und andererseits maximal motivierend wirkt. Folgende Dimensionen benötigt die architektonische Gestaltung der Arbeitsplätze:

Neben Platz zum kreativen Schaffen und Erfinden muss ebenso Raum für störungsfreies, konzentriertes Arbeiten sein. Zusätzlich benötigen zufriedene Mitarbeiter einen Ort, um mit anderen Gemeinschaft zu pflegen und zu networken. Ist dann auch noch die Möglichkeit vorhanden, Sinnhaftes zu tun und sich ausreichend zu bewegen und zu interagieren, ist ein gutes Arbeitsumfeld geschaffen.

Insbesondere bei Unternehmen, die ein hohes Maß an agilem Arbeiten zeigen, sind die Mitarbeiter besonders mit dem Arbeitsplatz verbunden. Gallup hat zu diesem Punkt eine Liste an Kriterien erstellt, die für den idealen Arbeitsplatz 4.0 unbedingt und uneingeschränkt erfüllt werden sollten.

- Der Wissensaustausch ist essenziell.
- Der Wille zur Kooperation muss gegeben sein.
- Es dürfen Fehler gemacht werden.
- Entscheidungen müssen unbürokratisch und rasch gefällt werden.
- Innovationen müssen willkommen sein.
- Empowerment: Autonomie und Selbstbestimmung sind wichtig.
- Neue Technologien müssen gefördert werden.
- Simplizität.

5 Steelcase, Workplace Surveys, https://www.steelcase.com/content/uploads/2014/11/Workplace-Surveys-Overview.pdf (abgerufen am 03.02.2020), November 2014.

Die meisten Unternehmen stehen einigen Punkten bereits sehr offen gegenüber. So sind etwa Innovationen willkommen. Was hingegen die Abgabe von Macht an die Mitarbeiter betrifft, so stecken die meisten Firmen noch in den Kinderschuhen. Infolgedessen werden auch Entscheidungen viel zu langsam getroffen.

Natürlich werden Sie auch immer öfter mit der Situation konfrontiert sein, dass Sie Teams, die an unterschiedlichen Standorten operieren, zusammenbringen müssen. Distanz ist im Zeitalter der Arbeit 4.0 kein Hindernis mehr. Vernetzen Sie diese Teams auf eine Art und Weise, die ungleiche Präsenzen an kulturellen Unterschieden möglichst vermeidet. Das rein nationale Denken ist längst Geschichte geworden und Ihre Aufgabe ist es nun, auf die globalen Verflechtungen einzugehen.

Diese Art von Crowdworking und Arbeitsmodelle wie Homeoffice können neue Herausforderungen mit sich bringen. Oft kennen sich Teammitglieder nicht persönlich, stammen aus anderen kulturellen Umgebungen und sprechen verschiedene Sprachen. Um solchen ungleichen Präsenzen entgegenzuwirken, haben sich Videokonferenzen als ideales Mittel erwiesen. Sie als Führungskraft sollten dafür Sorge tragen, dass ausreichende Telepräsenzsysteme vorhanden sind, um solch international operierenden Teams eine gute Arbeitsmöglichkeit zu bieten. Selbstverständlich ersetzten solche Systeme nicht das persönliche Kennenlernen in Präsenzmeetings, Teamentwicklungen oder anderen Veranstaltungen.

4.7 HR Verbände für mehr Mut zur Digitalisierung

Bereits im Jahr 2016 entstand das Weißbuch *Arbeiten 4.0* des Bundesministeriums für Arbeit und Soziales. Hier wurden faktisch die gesetzlichen Rahmenbedingungen für die neue digitale Arbeitswelt aufgezeichnet. Ein zuvor vom HR-Kreis abgegebenes Skriptum mit diesbezüglichen Vorschlägen wurde weitestgehend übergangen. Im Weißbuch vorhandene Vorschläge zur Umsetzung der digitalen Arbeitswelt werden von den Personalexperten eher kritisch gesehen.

Besonders zum selbstbestimmten Arbeiten fehlen meist entsprechende gesetzliche Vorgaben.

Auch heute ist trotz aller fortschreitenden Entwicklungen bei mehr als 90 Prozent der Bewerber der Lebenslauf ausschlaggebend für das Recruiting. Dabei wird kaum beachtet, dass eigentlich solche Daten über mögliche Leistungen wenig bis nichts aussagen. Besonders bei Arbeitsstellen, die zwangsläufig kein strikt definiertes Aufgabenprofil mehr aufweisen. Es ist daher zunehmend wichtiger, persönliche Fähigkeiten und Zukunftspläne des Bewerbers zu eruieren und diese verstärkt zu berücksichtigen.

4.8 Kritik an der Arbeit 4.0

Im Zentrum der Kritik an der neuen Arbeitsweise steht der angebliche Verlust der Identifikation des Mitarbeiters mit dem Unternehmen. Durch den reduzierten direkten Kontakt der Kollegen untereinander, der durch die fortschreitende Digitalisierung gefördert wird, schwindet scheinbar auch das Verbundenheitsgefühl mit dem eigenen Unternehmen. Gallup bringt schon 2014 den Faktor »Freundschaft« zur Diskussion. Für jeden Mitarbeiter ist es demnach von Bedeutung, dass er am Arbeitsplatz einen guten Freund hat. Hier gilt es, durch geeignete Präsenz-Events und virtuelle Gemeinschaften das persönliche Kennenlernen der Mitarbeiter untereinander zu unterstützen.

4.8.1 Die Abwertung menschlicher Arbeit und aufkommender Stress

Insbesondere körperliche Arbeit oder einfache Arbeiten laufen Gefahr, durch den Einsatz intelligenter Software systematisch abgewertet zu werden. Sie kann entweder komplett überflüssig werden oder aber finanzielle Einbußen erleiden. Ob in Zukunft Bankangestellte oder Sprachlehrer von Onlinebanking und Sprach-Apps komplett abgelöst werden, sei jedoch infrage gestellt.

Auf der einen Seite bieten Netzwerke und Plattformen Freiberuflern die einfache Möglichkeit, neue Projekte und Aufträge zu finden. Auf der anderen Seite entstehen dadurch teilweise auch Dumpingpreise mit dem Ergebnis, dass gute Arbeit immer weniger gut entlohnt wird. Um trotzdem alle Fixkosten bezahlen können, müssen solche Selbstständigen also immer mehr Zeit in Arbeit investieren.

Kritiker bemängeln auch die ständige Erreichbarkeit durch die wachsende Technologisierung. Dadurch wächst unweigerlich auch das Pensum an neuen Aufgaben, die Menschen übernehmen müssen. Erkrankungen, wie Burn-out oder Depression sind die Folge. Einschlägige Umfragen zeigen deutlich, dass der vermeintlich steigende Freiraum durch die fortschreitende Digitalisierung in hohem Maß zu Arbeitsverdichtung führt. Es liegt in der Hand der Führungskräfte, hier ein Gleichgewicht zu schaffen, dass es Menschen ermöglicht, in ihrer Freizeit abzuschalten. Führungskräfte, die sich selbst unter Druck fühlen, neigen dazu, auch am späten Abend oder am Wochenende E-Mails zu schreiben. Besser wäre es, diese E-Mails zwar zu schreiben, aber erst am Montag zu versenden. Am besten wäre es, diese E-Mails tatsächlich erst am Montag zu schreiben und zu versenden, sofern noch eine Notwendigkeit dazu besteht. Wie oft habe ich selbst die Erfahrung gemacht, dass sich Eskalationen am Montag schon wieder beruhigt hatten und es sich eher um einen Sturm im Wasserglas handelte.

Damit die neu erworbene Flexibilität nicht zur Dauerbelastung für Arbeitnehmer ausartet, ist einerseits ein achtsames Management gefragt. Andererseits muss jeder Einzelne auch lernen, das Smartphone einfach auszuschalten und sich so seine Auszeit zu nehmen.

Das mobile Arbeiten und das Homeoffice müssen so gestaltet werden, dass Überstunden und Stress in kleinem Rahmen gehalten werden.

4.8.2 Der gläserne Mensch oder Datenschutz am Arbeitsplatz

In der digitalen Arbeitswelt ist das Thema Datenschutz allgegenwärtig. Einerseits ist es für die Mitarbeiter wichtig, dass ihre Daten sicher verwahrt werden. Andererseits müssen sich die Unternehmen darauf verlassen können, dass keine sensiblen firmeninternen Daten weitergegeben werden. Hier entsteht also ein komplexer Sachverhalt, der auch vor dem Privatleben nicht haltmacht.

Gerade im Beschäftigtendatenschutz gibt es bereits konkrete Vorschläge seitens der Personaler, wie hier Rechtssicherheit geschaffen werden könnte. Hier würde ein einfaches Konzernprivileg helfen, dass es Unternehmen erlaubt, Mitarbeiterdaten auch für nützliche Zwecke zu verwenden. Dies bedeutet, dass in der Praxis eine wesentliche Erleichterung in der Kommunikation innerhalb des unternehmerischen Ökosystems stattfinden würde. Es wird vorgeschlagen, das bestehende Mitspracherecht der Betriebsräte dahin gehend abzuschwächen, dass die Produktivität nicht gebremst wird. Hier stellt sich immer wieder die Frage, wie denn die betroffenen Menschen darauf reagieren, über deren Köpfe hinweg seitens der HR Verbände und der Politik entschieden wird?

Menschen präsentieren sich auf Netzwerken wie Facebook, Xing oder Twitter und werden hier auch gezielt von Unternehmen gestalkt. Es ist also höchste Vorsicht geboten, wie gläsern man sich im Internet darstellen möchte und welche beruflichen Konsequenzen dies nach sich ziehen könnte.

4.8.3 Qualifizierung ist notwendig

Als Basis für Innovationen wird von allen Verbänden in der Regel die Weiterbildung und die damit verbundene Qualifizierung der Mitarbeiter angesehen. So wird allen Führungskräften ans Herz gelegt, den Arbeitnehmern eine praxisnahe Weiterbildung am Arbeitsplatz zu ermöglichen. Idealerweise wird die Notwendigkeit zu unterschiedlichen Weiterbildungsmaßnahmen direkt im Unternehmen festgesetzt und entsprechende Maßnahmen gemeinsam mit den Mitarbeitern geplant.

Bereits die Schulen sollten ein Augenmerk auf die digitalen Kompetenzen der Kinder legen, damit diese später im Berufsleben bereits einen guten Start haben. Hier liegt in der Praxis noch ein langer Weg vor deutschen Betrieben und Bildungseinrichtungen.

4.8.4 Selbstbestimmung in Theorie und Praxis divergieren

Das geltende Arbeitszeitgesetz ist mit den Anforderungen des *New Work* ganz und gar nicht mehr kompatibel. Unternehmen haben hier noch nicht die notwendigen Freiheiten, um zu experimentieren und flexible Arbeitszeiten umzusetzen. Der Umgang mit Ruhezeiten und Unterbrechungen der Arbeitszeit muss grundlegend umgekrempelt werden, soll das Arbeiten 4.0 auch tatsächlich umgesetzt werden.

Kritiker des *New Work* befürchten, dass sich zwischen Menschen mit hoher Qualifikation und solchen, die sogenannte »niedrige« Tätigkeiten ausführen, die Schere immer weiter öffnen wird. Die neuen Tätigkeiten sind in der Regel komplexer und benötigen dementsprechend höhere Qualifikationen. Technologie und Vereinfachung von Arbeitsprozessen rauben gleichzeitig einer bislang mittleren Qualifikationsgruppe die Daseinsberechtigung. Dieses mittlere Segment droht Kritikern zufolge in eine schlechtere Stellung abzurutschen.

4.8.5 Romantisierung versus Realität

Warum wird gelegentlich eingewendet, das Konzept des *New Work* sei lediglich eine romantisierte Ansicht der Arbeitswelt? Hier liegt der Hauptpunkt der Kritik darin, dass Unternehmen nicht primär existieren, um schöne Arbeitsplätze zu schaffen. Im Idealfall steht der Kunde im Zentrum jeglichen unternehmerischen Handelns.

Mag man Kritikern Glauben schenken, so wird einfach die bisherige Hierarchie durch eine neue Referenz ersetzt, konkret durch eine menschenfreundliche Arbeitsweise. Der Kunde, der eigentlich der entscheidende Faktor am Markt sein sollte, wird dabei außen vorgelassen. Als ein möglicher Lösungsansatz wird hier eine komplette Trennung von Arbeit und Menschlichkeit vorgeschlagen.

Die Arbeit sollte gemäß dieses Lösungsansatzes direkt vom Kunden abhängen und auch dessen alleinigen Wünschen folgen. Die Methode, wie diese Arbeit im Endeffekt zufriedenstellend erledigt wird, sollte auf jeden Fall nicht allzu naiv aufgestellt werden. Neuerungen sollten nicht nur auf emotionaler Ebene diskutiert werden, sondern auch eine realistische Form erhalten. Kritikern zufolge wäre es mit einer Entschlackung der bisherigen Unternehmensform durchaus bereits getan. Auf blind ins Feld geworfenen Aktionismus sollte hingegen verzichtet werden.

Das Fazit zu diesen Kritikpunkten sollte lauten, dass es natürlich nicht vermeidbar ist, dass Arbeit hin und wieder auch weniger Spaß macht. Und selbstverständlich soll den Menschen die bestmöglich mit ihrem Privatleben kompatible Arbeitsweise ermöglicht werden. Doch eine komplette Neuerfindung des Konzeptes Arbeit ist dadurch nicht erforderlich.

4.9 Herausforderungen des *New Work* im unternehmerischen Alltag

Für Sie als Unternehmer besteht die größte Herausforderung im Zuge der Einführung des *New Work* darin, die neue Arbeitsweise in die eigene Unternehmensstrategie zu integrieren. Dabei geht es primär um drei Punkte, für die Sie Ihre Strategie entsprechend anpassen müssen.

Als Erstes gilt es, einen Weg zu finden, einen Wettbewerbsvorsprung durch Innovationen zu erreichen. Dieser Wettbewerbsvorsprung wird im Idealfall anschließend zu einer Marktführung in einer Nische ausgebaut. Zu guter Letzt wird natürlich noch eine Kostenführerschaft angestrebt und die eigenen Produkte oder Dienstleistungen werden günstiger angeboten, als dies die Konkurrenz macht.

Auf der anderen Seite stehen Sie vor der Herausforderung, auch die Unternehmenskultur dementsprechend anzupassen. So geht es darum, Mitarbeiter zu halten, die passenden Mitarbeiter mit an Bord zu holen und durch ein innovatives Employer Branding für mehr Akzeptanz bei zukünftigen Bewerbern zu sorgen.

4.10 Diese Unternehmen zeigen, wie *New Work* funktioniert

Wer denkt, dass Unternehmen, die dem *New Work* Trend folgen, lediglich in den USA vorhanden sind, der irrt. Auch in Deutschland findet sich bereits das eine oder andere Unternehmen, das durch diese Arbeitsweise Erfolge vorweisen kann.

Die BMW Gruppe beschäftigt sich schon seit längerer Zeit mit dem Thema *New Work* und begann damit, sogenannte Working-out-loud-Gruppen einzurichten, die aus dem agilen Arbeiten entlehnt sind. Am Anfang noch belächelt, gibt es im Unternehmen mittlerweile über 100 dieser Gruppen. 2017 konnten sie gar den HR Excellence Award für sich gewinnen. Doch was sind diese WOL-Gruppen? Es handelt sich dabei um nichts anderes als um kleine Teams, die gemeinsam der Frage nach dem besten Weg zum Ziel nachgehen. Diese Gruppen treffen sich in regelmäßigen Abständen und gehen gemeinsam so Schritt für Schritt dem Ziel entgegen.

Der Reifenhersteller Continental setzt auf das VUCA-Prinzip, was für *volatil, uncertain, complex* und *ambiguous* steht. Ein Social Intranet ersetzt alte Datenbanken und Menschen werden so unterschiedlich wie möglich und so flexibel wie möglich als Mixed Teams zusammengewürfelt. Fehler sind erlaubt, denn laut des Managements kann man nur aus solchen lernen. Lernzeit ist für Continental besonders wichtig.

Auch der alt-ehrwürdige Automobilclub ADAC setzt auf *New Work*. Erste Ansätze sind erste Roll-out-Pläne zur Umsetzung neuer Technologien. Die Mitarbeiter wurden dabei in deren Auswahl mit eingebunden. Geplant sind innovative Lernformate und automatisierte Prozesse. Ein Intranet bietet neben der Möglichkeit zur Vernetzung der Mitarbeiter auch eigene Lernangebote, unterstützt von einem digitalen Lerncoach. Für Homeoffice-Mitarbeiter steht ein VPN zur Verfügung und auch der ADAC nutzt WOL-Gruppen, in die auch externe Partner eingebunden sind.

5 Wer keine Ziele hat, verfolgt die Ziele anderer

Ziele – und speziell solche, die Sie begeistern und geradezu beflügeln – sind die Auslöser, die Energie, der Antrieb, der Sie in Ihrem Leben weiterbringt und weitergebracht hat. Durch Ziele definieren Sie Ihre Träume. Erst, wenn Ihnen die Bedeutung von Zielen bewusst ist, können Sie so etwas wie Zufriedenheit in Ihrem Leben erreichen. Sie können nun Träume in Ziele verwandeln und Tag für Tag auf diese Ziele hinarbeiten. Wer diesen Schritt verpasst, der wird sein Leben lang lediglich mit Träumen beschäftigt sein und diese niemals erreichen können.

Halten Sie sich stets vor Augen, dass Ziele umso leichter erreicht werden können, je besser Sie mit den eigenen Werten und damit auch Ihren Prioritäten im Leben übereinstimmen. Je mehr Einflüsse von außen bei der Wahl Ihrer Ziele eine Rolle spielen, desto steiniger wird der Weg zur Erreichung derselben. Richten Sie Ihre Ziele also definitiv an Ihren eigenen Werten aus.

5.1 Warum haben manche Menschen keine Ziele?

Träume oder Fantasien haben die meisten Menschen. Diese verflüchtigen sich bei Menschen ohne Ziele relativ rasch und lösen sich in Nichts auf. Zielresistente Menschen haben dafür immer gute Argumente. Das Formulieren eines persönlichen Ziels würde ihnen etwa die Spontaneität nehmen und sie in eine Art Korsett pressen. So begeben sie sich lieber in eine erlernte Hilflosigkeit und harren der Dinge, die da kommen.

Zu diesem Zustand gesellt sich meist eine Angst vor Veränderungen. Keiner verlässt gerne die Komfortzone der eigenen Gewohnheiten. Menschen mit einer solch abwertenden Haltung Zielen gegenüber haben in der Regel vorprogrammierte Schwierigkeiten, ihr Potenzial auszuschöpfen und selbst aktiv etwas zu verändern.

Der Anteil an Menschen, die sich messbare, konkrete Ziele setzen, bleibt überschaubar. Solche Menschen, die genau wissen, was sie wollen, erreichen Ihre Ziele auch meist.

Setzen Sie sich Ziele vom gewünschten Endzustand aus und machen Sie dieses mittels Skizze oder Ähnlichem sichtbar. In regelmäßigen Abständen sollten Sie nun Ihr gestecktes Ziel anschauen und sich immer wieder die Gefühle verdeutlichen, die Sie bei Erreichen des Ziels haben werden. Stellen Sie sich einfach selbst die Frage: »Wie fühlt es sich an, schon seit längerer Zeit bereits im Ziel zu sein?« Auf diese Weise aktivieren Sie Ihr Gehirn in Richtung Zielsetzung. Handelt es sich um ein sehr großes Ziel, können Sie auch kleine Etappenziele definieren und sich dabei Prioritäten setzen. Bedenken Sie, dass das Gehirn auf ähnliche Weise funktioniert wie ein Navigationsgerät. Ohne Zieleingabe finden Sie Ihr Ziel nicht. Falls Sie genau wissen, was Sie nicht wollen, finden Sie Ihr Ziel auch nicht. Haben Sie klare Ziele!

5.2 Drei Arten von Zielen

Generell können wir drei Arten von Zielen unterscheiden: kognitive, affektive und psychomotorische Ziele.

Bei kognitiven Zielen stehen das Aneignen von neuem Wissen, das Lernen von Fakten und das Lösen von Problemen im Vordergrund. Bei affektiven Zielen geht es um das Erreichen von Einstellungen, Werthaltungen und Motivation. Psychomotorische Ziele stehen in Zusammenhang mit Üben und Umsetzen von Fähigkeiten und Handlungen. Jedes Ziel, das Sie sich stecken, ist aus diesen drei Ebenen komponiert, d. h. es beinhaltet drei unterschiedliche Ziele.

Als einfaches Beispiel dafür nehmen wir an, Sie möchten eine neue Fremdsprache lernen und wählen dafür Chinesisch. Das kognitive Ziel dieses Unterfangens ist das systematische Lernen von Vokabeln, während das affektive Ziel ein Eintauchen in die Sprache bedeutet. Dazu kommt dann noch das praktische Üben von Konversation als psychomotorischer Aspekt. Werden alle drei Teilziele eines Ziels berücksichtigt, so wird das Ziel mit großer Wahrscheinlichkeit auch erreicht. Selbst für eine 80-jährige Mitteleuropäerin ist es spielend leicht möglich, Swahili zu lernen – vorausgesetzt, sie ist vielleicht verliebt in einen attraktiven Massai.

5.3 Die Aufgabe von Zielen im Unternehmen

Ein Unternehmen ohne Ziel ist vergleichbar einem Schiff ohne Hafen. Bei der Auswahl von Zielen für das eigene Unternehmen müssen diese mit den Unternehmenswerten zusammenpassen und konsequent auf allen möglichen Ebenen umgesetzt werden. Materielle und immaterielle Werte sollten dabei stets im Gleichgewicht gehalten werden.

Eine besondere Aufmerksamkeit bekommen die Unternehmenswerte. Kunden und Mitarbeiter entscheiden sich immer mehr für Unternehmen, mit denen sie sich wertekongruent gut verstehen können. Daher ist besonders im Recruiting, in der Personalentwicklung und speziellen »Living the brand«-Trainings darauf zu achten, dass sich die Mitarbeiter mit den Werten und damit auch mit den Zielen des Unternehmens verbunden fühlen.

Jedes Unternehmen, das auf diese Weise sinnvolle Ziele und Werte präsentiert, kann sich sicher sein, dass sich die Mitarbeiter gut mit dem Unternehmen und ihrer Aufgabe darin identifizieren können. Die Unternehmenskultur wird immer von den Menschen geprägt, die darin arbeiten. Wenn die Führungsspitze eine Wertehaltung zeigt, die mit Zielen gut umgeht, werden sich auch Mitarbeiter mit dem Sinn und Zweck der Ziele identifizieren können. Wird das Management hingegen alle paar Jahre ersetzt, ist dies eher unwahrscheinlich. In solchen Fällen fehlt das Vertrauen, ohne das Ziele in keinem Fall gedeihen können.

5.4 Fünf Gründe, weswegen Sie Ihre Ziele nicht erreichen

Das Jahr ist fast vorüber und Sie haben Ihre unternehmerischen Ziele nicht erreicht? Dieser Zustand hat in der Regel ganz konkrete Gründe.

5.4.1 Grund eins: Ein konkretes Ziel fehlt

Vermutlich haben Sie irgendwo den schemenhaften Umriss eines Wunsches, manchmal auch ein konkretes Ziel, aber in keinem Fall eine wirklich genaue Vorstellung dessen, was Sie wirklich erreichen möchten. Haben Sie keine Angst vor ganz präzisen Formulierungen – Sie können diese jederzeit nachjustieren!

Vielerlei Gründe sprechen dafür, aus einem Traum ein konkretes Ziel zu machen. In erster Linie helfen Ihnen Ziele dabei, sich besser zu fokussieren. Versuchen Sie, Ihr Leben oder Ihr Unternehmen als eine Art Pfeil zu sehen, den Sie abschießen müssen. Wenn Sie nicht wissen, wohin der Pfeil gerichtet werden soll, wird er vermutlich irgendwo sinnlos in der Luft verpuffen. Mit anderen Worten gesagt: Haben Sie keine Richtung und kein Ziel, so verschwenden Sie Energie und Arbeit, und gelangen trotzdem nirgendwo hin. Hektische Betriebsamkeit, die keinen Aufwand an Kosten der Mitarbeiter und Führungskräfte scheut, ist meistens die Ursache für einen recht einfachen Mangel: Es ist der Mangel an mutiger Entscheidungskraft. Sämtliche Talente und Ideen sind ohne Ziel sinnlos. Sie strengen sich in so einem Fall absolut nutzlos an.

Erst wenn Sie sich selbst oder Ihrem Unternehmen konkrete Ziele gesteckt haben, wissen Sie auch, in welche Richtung Sie fokussieren müssen. Und nicht nur das! Indem Sie Ihr Ziel als festen Endpunkt stets vor Augen haben, wird es Ihnen leichtfallen, Ihren Fortschritt konkret zu messen. Eine korrekte Zielsetzung hilft dabei, einen scheinbar langen Weg in viele kleine machbare Schritte zu unterteilen. Ganz, wie wir es eigentlich vom agilen Arbeiten her kennen. Auf diese Weise erreichen Sie mehr Motivation und mehr Zufriedenheit.

Konkret formulierte Ziele helfen Ihnen auch dabei, nicht abgelenkt zu werden. Sie können wunderbar fokussiert bleiben, wenn Sie Ihr Ziel exakt vor Augen haben, und halten sich unbewusst von jeglichen Abwegen fern, die Sie wieder von Ihrem Ziel entfernen würden.

Wer sich selbst ein präzises Ziel setzt, der übernimmt gleichzeitig Verantwortung für diese Aufgabe. Fast unbewusst werden Sie im Hinterkopf die Gedanken haben, was stets zum Erreichen des Ziels noch zu tun wäre. Diese Stimme hilft Ihnen dabei, Hindernisse zu überwinden und Ablenkungen zu vermeiden. Auch die Wurzel aller Motivationen liegt in der Formulierung eines konkreten Ziels begründet und bringt die Grundlage für Ihren Antrieb mit sich. So können Sie mithilfe von Zielen die Energie in eine positive Richtung lenken.

Sollten sie in die Situation kommen, ein Ziel für sich zu formulieren, das nicht im Einklang mit Ihrer Vorstellung eines idealen Lebens steht, werden Sie auch nicht den nötigen Biss mitbringen können, dieses Ziel bis zum Ende zu verfolgen. Nur durch das Formulieren von Zielen können Sie entdecken, was Sie tatsächlich wollen und was Sie wirklich mit Glück erfüllt.

5.4.2 Grund zwei: Sie kennen das »Warum« Ihres Zieles nicht

Es ist nicht nur von ausschlaggebender Wichtigkeit, dass Sie ein konkretes Ziel vor Augen haben. Auch den Grund, weshalb Sie genau dieses Ziel erreichen wollen, müssen Sie möglichst genau formulieren. Wenn Sie den Grund kennen, können Sie nicht nur sich selbst, sondern auch andere von Ihrer Idee überzeugen.

Viele bekannte Beispiele aus Politik und Wirtschaft zeigen uns auf, dass es einen Faktor gibt, der eine Idee zum Erfolg führt, selbst wenn sie sich nicht von ähnlichen Ideen abhebt. So war beispielsweise Martin Luther King sicherlich nicht der einzige gute Redner und Bürgerrechtsverfechter seiner Zeit. Auch Apple, Google oder Microsoft sind nicht die einzigen Computerunternehmen weit und breit. An Werkzeugen haben alle anderen Unternehmen sehr ähnliche Tools zur Verfügung. Doch was hebt den erfolgreichen Weg zum Ziel vom weniger erfolgreichen Weg ab?

Wer sich genauer mit erfolgreichen Führungspersönlichkeiten beschäftigt, wird rasch feststellen, dass diese alle nach einem gemeinsamen Muster Handlungen setzen. Dabei spielt es keine Rolle, ob es sich um den Inhaber einer Computerfirma oder einen Politiker handelt. Diese Verhaltensweisen können einfach entschlüsselt werden, wenn mit etwas Aufmerksamkeit die einzelnen Muster beobachtet werden. Doch was passiert bei erfolgreichen Führungspersönlichkeiten genau?

Jeder Mensch ist im Grunde genommen zu hundert Prozent von seinen Taten überzeugt. Die meisten Unternehmer sind sich völlig bewusst, wie sie beispielsweise ein Alleinstellungsmerkmal erreichen oder wie sie ihren Wertschöpfungsprozess am besten gestalten. Die wenigsten allerdings können die Frage nach dem »warum« beantworten. Im besten Fall würde bei dieser Frage noch etwas wie »Um mehr zu verkaufen« als Antwort kommen. Doch dies ist keinesfalls der Grund, sondern lediglich das Ergebnis.

Sie sollten sich selbst die grundlegende Frage stellen, warum Sie denn eigentlich eine Führungskraft sind. Mit dieser Frage folgt eine ganze Reihe weiterer Fragen, die am Ende ein genaues Bild von der eigenen Art zu denken und zu handeln zeichnet. Warum existiert Ihr Unternehmen überhaupt? Woran glauben Sie? Was macht Sie interessant?

Erfolgreiche Führungspersönlichkeiten kommunizieren dieses Bild Ihres Unternehmens von innen nach außen. Doch was bedeutet das genau? Anhand eines einfachen Beispiels lässt sich dies gut erklären. Nehmen wir die Firma Apple. Viele Menschen nutzen Apple-Geräte, da sie intuitiv zu bedienen sind und stylish aussehen. So wäre zu erwarten, dass Apple in seinen Werbebotschaften etwas kommuniziert, wie »Wir machen toll aussehende Geräte, die jeder einfach bedienen kann. Kaufen Sie daher ein Apple-Gerät!«. Eine solche Botschaft inspiriert nicht.

Die Reihenfolge der Botschaften muss ganz einfach abgeändert werden und dabei der Status quo des Ziels infrage gestellt werden. »Wir glauben, dass wir anders als alle anderen sind. Wir glauben, dass wir tolle, schöne und intuitiv zu bedienende Geräte machen.« Menschen werden dann kaufen, wenn sie das Gefühl haben, das »Warum« zu kaufen. Frei nach dem Motto »I have a dream«. Sie vermitteln damit zusammen mit ihrem Ziel ein gutes Gefühl.

Doch warum neigen Menschen dazu, einer Idee oder einem Produkt, dessen »Warum« sie kennen, mehr zu vertrauen? Seinen Ursprung findet dieses Verhalten in der Biologie. Im menschlichen Gehirn befindet sich einerseits der Neocortex, der unter anderem für die Koordination von Wahrnehmungen verantwortlich ist. Mit dem Neocortex registrieren wir sozusagen das »Was« rational und in analytischer Art und Weise.

Daneben wird aber auch das limbische Gehirn bedient. In diesem sehr alten Teil unseres Gehirns werden die Emotionen und Gefühle verarbeitet und das Verhalten gelenkt. Wenn nun Ziele von außen nach innen kommuniziert werden, füttern wir den Neocortex unseres Gegenübers. Er wird alle Fakten gut verstehen, aber Emotionen und die Steuerung des Verhaltens bleiben auf der Strecke. Es wird keine einzige Entscheidung aus dem Bauch heraus passieren. Nur mit dem korrekten »Warum« können Sie das limbische Gehirn der Menschen aktivieren und dementsprechend Erfolg beim Präsentieren Ihrer Ziele haben.

5.4.3 Grund drei: Sie planen Ihre Ziele unrealistisch

Seien Sie sich immer der Tatsache bewusst, dass es nur in den seltensten Fällen klappen kann, in kurzer Zeit von null auf hundert zu kommen. Sie sollten sich stets ambitionierte Ziele setzen, diese aber auch realistisch sehen. Hier heißt das A und O gute Recherche und ein Zeitrahmen, der tatsächlich der Realität entspricht. Ziele, die unrealistisch geplant werden, sind von vornherein zum Scheitern verurteilt.

Ein gutes Ziel ist in erster Linie attraktiv und begeistert mit der Vorstellung, dies schon bereits erreicht zu haben. Dabei ist es völlig irrelevant, ob es dabei um gesundheitliche, berufliche oder materielle Ziele geht. Wer sich seine Ziele etwas ambitioniert steckt, der wird mit einem Motivationsschub für das Selbstwertgefühl belohnt werden. Wird die Motivation zum Erreichen eines Ziels aus eigenen Bedürfnissen geschöpft, so sind auch ambitionierte Ziele gut zu meistern.

Dies ist völlig anders, wenn ein Ziel von außen aufgetragen wird. Wenn Sie also gemeinsam mit Ihren Mitarbeitern Ziele vereinbaren, ist es besonders wichtig, dass Sie deren Wertvorstellung stets präsent haben. Nur solche Ziele, die realistisch und ambitioniert sind und den eigenen Wertgrundsätzen entsprechen, können erfolgreich erreicht werden.

5.4.4 Grund vier: Investitionen kommen für Sie nicht infrage

Wir sprechen hier nicht zwingend von materiellen Investitionen. Manchmal ist einfach auch die Investition von Zeit gefragt, um ein Ziel zu erreichen. Wenn Sie davor zurückscheuen, ist jegliches Ziel von vornherein nur schwer bis gar nicht zu erreichen.

Besonders Zeit ist im Zusammenhang mit dem Erreichen persönlicher und unternehmerischer Ziele ein wertvolles Gut. Sie kennen die allgemeinen Klagen über Zeitmangel bestimmt nur zu gut. Wie können Sie Zeit sparen und woher können Sie Zeit nehmen? Wofür also verwenden Sie Ihre Zeit?

Zeit zu sparen ist ein eher schwieriges Unterfangen. Daher tut man gut daran, sich darauf zu fokussieren, seine Zeit sinnvoll zu verwenden. Die zur Verfügung stehende Zeit muss in konstruktiver Art und Weise entsprechend umgeschichtet werden. Entscheiden Sie für sich, wie viel Zeit Sie in die Erreichung Ihres Ziels investieren wollen und mit welchen Tätigkeiten Sie eventuell Zeit verschwenden. Vielleicht müssen Sie einfach im Haushalt etwas weniger tun, oder aber weniger Zeit in Fernsehabende investieren.

Vielleicht geht es auch darum, dass Sie weniger Zeit mit den Problemen anderer Menschen verbringen und so für Ihr eigenes Ziel mehr Zeit gewinnen. Fangen Sie dabei in jedem Fall mit kleinen Schritten an, so wird Ihnen diese Umstrukturierung mit Sicherheit besser gelingen. Bündeln Sie ähnliche Tätigkeiten und erledigen Sie diese ohne Ablenkung. Sie werden staunen, wie viel Zeit Sie durch so eine simple Umschichtung gewinnen werden. Beobachten Sie sich selbst kritisch, um herauszufinden, womit Sie Zeit verprassen. Beschäftigen Sie sich eventuell zu viel mit dem Handy? Können Sie niemals Nein sagen und verschenken Sie so wertvolle Zeit?

Verteilen Sie die neu gewonnene Zeit auf die vielen Teilziele, die Sie sich zum Erreichen Ihres großen Ziels gesetzt haben, und führen Sie Listen. So verlieren Sie den Überblick über die Verteilung der neu gewonnenen Zeit nicht und investieren diese sinnvoll.

Stellen Sie sich also zu Beginn Ihrer Umstrukturierung folgende Fragen:

- Wie genau sieht Ihr Ziel konkret aus? Machen Sie ihr Bild noch etwas größer, bringen Sie mehr Farbe hinein, machen Sie es heller und stellen Sie es schärfer.
- Warum wollen Sie dieses Ziel erreichen? Was genau ist der Grund hinter den Gründen, der sie bewegt?
- Wie sehen die einzelnen Schritte auf dem Weg zu Ihrem Ziel aus? Was ist tatsächlich wichtig, was ist ›nice to have‹?
- Gehen Sie in sich: Wie fühlt es sich an, bereits schon seit längerer Zeit Ihr Ziel erreicht zu haben und sich dort zu befinden? Wie geht es gegebenenfalls weiter?

Wenn diese Punkte geklärt sind, steht der Erreichung Ihres Ziels nichts mehr im Wege.

5.4.5 Grund fünf: Ihre Glaubenssätze sind unpassend

Nicht jeder von uns kennt sie, die größtenteils unbewusst wirkenden Glaubenssätze, die einem bereits in der Kindheit mitgegeben wurden. Vielleicht mussten Sie oft hören, dass Sie niemals ein Risiko eingehen sollten, dass Sie einfach nicht genügen oder es nicht verdienen. Oder Sie wurden davon überzeugt, dass Sie dies oder jenes niemals schaffen könnten. Vielleicht wurden Ihnen auch Aufgaben abgenommen, wenn es zu lange dauerte und sie haben weniger Vertrauen in Ihre Leistungsfähigkeit bekommen. Solche und ähnliche Glaubenssätze sollten Sie erkennen können und immer wieder hinterfragen, da sie durchaus ein weiterer Grund sein könnten, weswegen Sie Ihre Ziele nicht erreichen. Herrscht ebenso Unklarheit bei den Werten, so kann dies einerseits ein Gefühl von Sinnlosigkeit hervorrufen, andererseits Verwirrung stiften.

Im Idealfall stimmen die Unternehmenswerte mit Ihren persönlichen Werten überein und führen so zu guten Ergebnissen. Ist dies der Fall, wird die Arbeit gerne erledigt, da sie im Zusammenhang mit den eigenen Werten als *sinnvoll* erscheint.

5.5 Wenn andere Menschen unsere Ziele beeinflussen

Je nach Persönlichkeit lassen wir uns alle in unserem Handeln von anderen Menschen mehr oder weniger stark beeinflussen. Dies mag bei allen möglichen Handlungen nicht schlimm sein – was unsere Zielgebungen betrifft, ist es jedoch wichtig, dass sie nicht von den Ideen anderer fremdbestimmt werden.

Wir investieren viel Zeit und Energie, um ein Ziel zu erreichen. Wird dies angestrengt und gegen den eigenen Willen gemacht, so befinden wir uns einfach in der Situation, dass wir uns für die Ziele anderer abstrampeln, während die eigenen Ziele auf der Strecke bleiben oder erst gar nicht formuliert werden. Und wer keine eigenen Ziele hat, arbeitet für die Ziele anderer.

Verfolgen wir hingegen eigene Ziele, so stehen wir auch unbewusst zu hundert Prozent dahinter und empfinden den Weg zum Ziel nicht als Anstrengung. Doch wie lässt sich feststellen, dass Ihr Ziel tatsächlich Ihrem ureigenen Wesen entspricht? Machen Sie sich zu diesem Zweck eine Liste und schreiben auf, wer sich vermutlich über das Erreichen Ihres Ziels freuen wird, und vor allem warum sich der eine oder andere darüber freuen wird. Sie werden schnell sehen, in welchen Punkten Ihre Ziele fremdbestimmt sind.

Lassen Sie sich von eigenen Wertvorstellungen leiten. Diese entwickeln sich im Laufe des Lebens und können sich auch verändern. Notieren Sie sich alle Dinge, die für Sie persönlich in Ihrer Wertvorstellung wichtig sind. Richten Sie dann entlang dieser Liste die Ziele aus, die Sie formulieren möchten. Verändern Sie die Ziele so, dass sie am besten zu Ihren Wertvorstellungen passen.

5.6 Warum bin ich hier – warum bin ich Führungskraft?

Nachdem Sie Ihr Ziel definiert haben, wird sich Ihnen zwangsläufig eine weitere Frage stellen: Warum bin ich überhaupt in der Position, in der ich bin? Warum bin ich eine Führungskraft?

Vielleichten hatten Sie gar nicht geplant, Führungskraft zu werden und sind einfach so hineingeschlittert. Vielleicht führen Sie seit Jahren Menschen, und wollen eigentlich ganz etwas anderes für sich selbst. Doch warum haben Sie dann zu dieser Position »Ja« gesagt?

Wer eine Führungsposition angeboten bekommt, lehnt diese nur in den seltensten Fällen ab. Selbstverständlich erfüllt es uns alle mit Stolz, wenn man zum Chef erhoben wird. Durch diesen Status steigen wir gesellschaftlich auf, erhalten die Anerkennung und den Applaus, den wir uns immer erträumt haben. Die Frage, ob die damit verbundenen Aufgaben und Verantwortungsbereiche überhaupt zu uns passen, stellen wir uns in der Regel eher selten.

Oft werden wir auch einfach befördert, da unsere fachliche Expertise dafür spricht. Die Frage, ob wir dann tatsächlich in der Lage sind, auch Menschen zu führen, stellt sich in vielen Fällen gar nicht. Bevor wir uns also endgültig auf das Abenteuer »Führungskraft« einlassen, müssen wir uns mit uns selbst auseinandersetzen und feststellen, ob unsere Haltung und Einstellung überhaupt dazu passen. Folgender Fragenkatalog kann Ihnen bei der Selbsteinschätzung behilflich sein. Wenn Sie all diese Fragen mit einem klaren »Ja« beantworten können, sollten Sie auch als Führungskraft geeignet sein.

- Haben Sie große Ziele und Visionen?
- Setzen Sie Ihre Ziele und Visionen oft zeitnah um, ohne auf Dinge wie genügend Mitarbeiter oder ausreichend Ressourcen zu warten?
- Stellen Sie sich immer wieder die Frage, wie der derzeitige Zustand Ihres Unternehmens verbessert werden könnte – selbst, wenn der derzeitige Zustand absolut perfekt ist?
- Haben Sie kein Problem damit, Fehler zuzugeben und gleichzeitig Verbesserungsvorschläge zu bringen? Können Sie auch für Probleme in Ihrem Verantwortungsbereich geradestehen – auch wenn Sie direkt einen Fehler nicht verursacht haben?
- Vernetzen Sie gerne Menschen und fördern deren Kommunikation?

- Verhalten Sie sich grundsätzlich so, wie Sie es auch von anderen Menschen erwarten?
- Ist ein guter Draht zu Mitarbeitern und Mitgliedern Ihres unternehmerischen Ökosystems wichtiger als perfekt erledigte Aufgaben?
- Gelingt es Ihnen, auch auf Bereiche Einfluss auszuüben, die außerhalb Ihres Zuständigkeitsbereiches liegen?
- Können Sie damit umgehen, dass nicht alle Menschen Sie mögen?
- Lassen Sie sich gerne durch Bücher, Gespräche oder Konferenzen inspirieren?

Sie können sich also relativ einfach vor Augen führen, ob Sie tatsächlich eine Führungskraft mit Leib und Seele sind, oder sich vielleicht einfach durch die Anerkennung oder die bessere Entlohnung haben hinreißen lassen.

Natürlich kann Führungsverhalten auch erlernt werden. Da stellt sich dann allerdings die Frage, wie glücklich und erfüllt wir tatsächlich sein können, wenn wir in ein Korsett gepresst werden. Andererseits gibt es einige Eigenschaften, ohne die wir auch kein Führungsverhalten erlernen können. Zu diesen Grundvoraussetzungen gehören Dinge wie Selbstbewusstsein, Authentizität oder die Fähigkeit zu delegieren, also Wichtiges loszulassen. Sie müssen in jedem Fall ein gewisses Organisationstalent mitbringen und stressresistent sein. Zielfokussiertheit und Entscheidungsfreudigkeit gehören ebenfalls zu den weniger erlernbaren Eigenschaften.

Die grundlegende Frage zum »Warum« Ihres Daseins als Führungskraft hat Sandra Merkinger[6] im Zuge eines Seminars treffend formuliert: »War die Zeit reif oder Sie reif, wie Sie Führungskraft geworden sind?« (sic!) Fakt ist, dass ein Großteil der Führungskräfte eine Position innehaben, in die sie aufgrund von zeitlichen Gegebenheiten hineingerutscht sind. Vielleicht ist es in Ihrem Unternehmen Usus, nach einer gewissen Zeit befördert zu werden, bis schließlich die Position Führungskraft erreicht ist.

Beschäftigen Sie sich regelmäßig mit diesen Fragen und den damit verbundenen Anforderungen an Ihre Position. Sie müssen Mitarbeitern den Weg vorgeben und für diese gleichzeitig ein Vorbild sein. Sie müssen einerseits über ausreichend Fachwissen verfügen, andererseits auch sehr gute soziale Kompetenzen mitbringen. Sie

6 Merkinger, Sandra: Warum bin ich Führungskraft, August 2014, https://www.panhoelzl.com/warum-fuehrungskraft/ (abgerufen am 18.02.2020).

müssen in der Lage sein, als geeigneter Moderator für selbstbestimmte Teams zu fungieren und eine funktionierende Gruppendynamik sicherzustellen.

Vergessen Sie dabei nicht, dass Sie im Zuge von *New Work* nicht mehr der klassische Kontrolleur sind, sondern eine Vertrauensperson für Ihre Mitarbeiter darstellen, die beratend und motivierend Hilfe zur Selbsthilfe bietet. Zu dieser Aufgabe gehört es auch, Streitigkeiten und Konflikte konstruktiv aus der Welt zu schaffen, wenn dies die Beteiligten nicht mehr alleine schaffen.

Beantworten Sie also für sich selbst ehrlich die Frage, »Warum« Sie in der Position sind, in der Sie sind. Stellen Sie fest, dass Sie im Grunde genommen gar keine geborene Führungskraft sind, muss Ihnen bewusst sein, dass Sie diese Aufgabe auch nie mit Glück oder Zufriedenheit erfüllen wird.

5.7 Feste Werte und Ziele als Grundlage für unternehmerischen Erfolg

Damit Ihr Unternehmen erfolgreich funktionieren kann, muss ein gemeinsames Ziel gefunden werden, mit dem sich Mitarbeiter und Kunden gleichermaßen identifizieren können. Dazu gehören auch Unternehmenswerte, die den Weg zu diesem Ziel definieren. Immer öfter kommunizieren auch große Unternehmen diese Werte ganz bewusst nach außen. Doch welchen Stellenwert haben diese Unternehmenswerte denn genau?

Ein Wert ist nichts anderes als eine Leitlinie, die das widerspiegelt, was Menschen emotional wichtig ist. Hierbei hat jeder Mensch seine eigenen Werte und Vorstellungen, sodass sich diese nicht in richtig oder falsch kategorisieren lassen. Ganz so, wie es persönliche Werte für jeden Menschen gibt, so gibt es diese auch für Unternehmen. Solche Unternehmenswerte müssen dabei auf Mitarbeiter, Kunden, Markt und andere Aspekte gleichermaßen zugeschnitten sein.

Werte können einerseits in Form von Konzepten existieren, oder auch Aktivitäten sein. Um sich der eigenen Werte bewusst zu werden, bedarf es ein wenig Zeit der Fokussierung auf dieses Thema und ich garantiere, dass sich diese Investition lohnt.

Unternehmenswerte sind daher so wichtig, weil sie direkten Einfluss auf den wirtschaftlichen Erfolg der Firma nehmen. Wer seinen Mitarbeitern von vornherein einen klaren Wertekanon kommuniziert, kann auch sicher sein, dass nur solche Menschen in der Firma arbeiten werden, die sich damit identifizieren können. Dadurch werden schon beim Recruiting »Fehlgriffe« vermieden. Für Kunden sind die Unternehmenswerte insofern wichtig, als dass zunehmend Gewicht auf eine emotionale Bindung zum gekauften Produkt oder Service gefordert wird. So gewonnene Kunden werden aller Wahrscheinlichkeit nach in der Folge auch zu Unternehmensbotschaftern avancieren.

5.7.1 Die Suche nach den Werten

Stellen Sie sich bitte vor der Definition der eigenen Unternehmenswerte die Frage, wie Sie sich selbst wahrnehmen und wie Sie Ihre Kunden sehen. Definieren Sie die Ziele, die Sie am Markt erreichen wollen, und involvieren Sie einen erweiterten Führungskreis oder entsprechende Teams in die Recherche. Auf diese Weise werden Werte ans Tageslicht kommen, die entscheidend für die konkrete Definition von Unternehmenswerten sind.

Als Nächstes sollte die Anzahl an Werten festgelegt werden, die Ihr Unternehmen repräsentieren soll. Ein einzelner Wert wird nicht ausreichend sein, eine Masse an Werten hingegen verfehlt ebenfalls das Ziel. Um unwichtige Werte auszusortieren, gibt es einen vom Wissenschaftler Jim Collins[7] erstellten Fragenkatalog.

- Wenn Sie einen plötzlichen Geldsegen erfahren würden und den Rest Ihres Lebens nicht mehr arbeiten müssten – würden Sie diesen Wert beibehalten?
- Glauben Sie, dass dieser Wert auch in einem Jahrhundert noch von Bedeutung sein wird?
- Würden Sie an diesem Wert auch dann festhalten, wenn er im Wettbewerb klare Nachteile mit sich bringen würde?

Auf diesem Weg gefundene Unternehmenswerte werden auf allen möglichen zur Verfügung stehenden Wegen – intern wie extern – kommuniziert und durch definierte

7 Collins, Jim: Aligning Actions and Values, Juni 2000, https://www.jimcollins.com/article_topics/articles/aligning-action.html (abgerufen am 18.02.2020).

Handlungsstrategien realisiert. Dabei müssen sie Hierarchie übergreifend für alle Bereiche des Unternehmens gleichermaßen gelten. Wenn keine Wertegemeinschaft vorhanden ist, kann auch keine entsprechende Leistungsgemeinschaft entstehen.

Für Unternehmen ohne konkrete Unternehmenswerte wird es zunehmend schwieriger werden, passende Mitarbeiter zu finden und in der Folge am Markt erfolgreich zu bestehen.

5.7.2 Vertrauen als Schlüsselwert

Einer der wichtigsten Werte ist sicherlich das Vertrauen in die Mitarbeiter, die dies etwa durch gute Kommunikation und eine ausgereifte firmeninterne Kommunikationspolitik erfahren. Werden Menschen in Entscheidungsprozesse und Diskussionen miteinbezogen, so können sie sich um einiges besser mit einer Arbeit identifizieren und erleben diese in der Folge auch als sinnvoll.

Der Dialog mit den Mitarbeitern darf dabei nicht auf Zielvereinbarungen oder das jährliche Mitarbeitergespräch beschränkt sein. Ganz im Gegenteil: Ein permanenter Dialog fördert neue Ideen und bringt Fähigkeiten zutage, mit denen bislang vielleicht nicht gerechnet wurde.

Die wichtigsten Voraussetzungen zur Schaffung von Vertrauen sind Ehrlichkeit und Fairness zwischen Mitarbeitern und Führungskräften. Dies impliziert auch ein Ernstnehmen und Akzeptieren der Stärken und Schwächen anderer.

5.7.3 Ziele und Visionen im Unternehmen

Die Definition der unternehmerischen Ziele verläuft ähnlich wie die Definition der persönlichen Ziele. Ziele sollen konkret formuliert werden, die Fragen nach dem »Was«, dem »Wie« und vor allem dem »Warum« wollen beantwortet werden und – ebenso wichtig – Unternehmensziele wollen kongruent sein mit den Unternehmenswerten.

Stellen Sie zunächst eine entsprechende Vision, ein Endziel, in den Raum. Wird dieses als richtig, wichtig und wertvoll empfunden, bietet es den Menschen eine

Orientierungshilfe auch in Krisenzeiten. Solche Ziele sollten dabei nicht nach dem Muster »in drei Jahren wollen wir 50% Marktanteil vorweisen« formuliert werden. Derartig aufbereitete Informationen können weder inspirieren noch emotionale Bedeutung erlangen. Bei richtig angelegten Zielen und Visionen geht es niemals um die Nominalisierung (Marktanteil) von nicht erfahrbaren Zuständen. Korrekte Ziele bieten einen – für Mitarbeiter und Kunden – konkret erfahrbaren, sozialen oder ökologischen Mehrwert und gehen weit über persönliche Interessen hinaus. So lautete etwa die Gründungsvision von Microsoft *A Computer on every desk and in every home* (Ein Computer auf jedem Schreibtisch und in jedem Zuhause). Damit schuf Bill Gates ein gleichzeitig sozial angehauchtes und motivierendes Ziel für sein Unternehmen.

Ein weiteres Beispiel für eine gelungen präsentierte Vision hat Walmart. Hier wird nicht mit »Wir verkaufen billig und erobern daher den Markt« ein Ziel gesetzt, sondern das Credo lautet *To give ordinary people the opportunity to buy the same things as rich people* (Normalen Menschen zu ermöglichen, dieselben Dinge wie reiche Menschen kaufen zu können). Mit solcher Art von Weltverbesserung können Menschen begeistert werden und werden ein solches Ziel auch tatkräftig unterstützen. Sie werden so Mitarbeiter mit im Boot haben, die aus sich selbst heraus motiviert sind, ihre Kreativität und ihre Fähigkeiten für das gemeinsame Ziel einzusetzen.

Auch wenn es auf den ersten Blick meistens so erscheinen mag: Der Sinn und Zweck eines Unternehmens ist nicht, schlicht und einfach nur Geld zu verdienen. Der tatsächliche Sinn und Zweck eines Unternehmens ist es, für den Kunden nützlich zu sein. Damit taucht unweigerlich die alles entscheidende Frage nach dem »Warum« auf, eng verbunden mit der Unternehmensvision.

Diese Vision, dieses Ziel, ist nicht nur – wie landläufig häufig angenommen – für die Welt außerhalb des Unternehmens wichtig. Natürlich spielt es auch eine Rolle, wie wir von außen wahrgenommen werden. Das Hauptgewicht des Ziels liegt bei näherer Betrachtung bei uns, die wir in diesem Unternehmen arbeiten. Für jeden einzelnen Mitarbeiter ist die Unternehmensvision für den persönlichen Erfolg und das persönliche Wohlbefinden ausschlaggebend.

5.7.4 Fünf Punkte für das perfekte Unternehmensziel

1. Damit ein Ziel begeistern kann, wird es emotional beschrieben. Das heißt, Verzicht auf Nominalisierungen und Verwendung von Verben und Adjektiven. Nur so können Sie damit genau die Menschen abholen, die Sie auch erreichen wollen. Nur so kann die nötige Energie zum Erreichen dieses Ziels entstehen.
2. Das Ziel gibt eine Richtung vor, ist aber weit davon entfernt, den Weg dahin durch einengende Details zu erschweren.
3. Das Ziel entspricht einer Vision und nicht einem konkreten Plan. Der Plan bzw. der Prozess erfolgt immer aus dem Ziel und darf nicht sakrosankt sein. Im Falle eines Problems wollen wir keine Energie verschwenden, um den Fehler im Plan zu analysieren, sondern schnell einen alternativen Weg zum Ziel finden.
4. Das Ziel ist nicht durch eine Deadline eingeschränkt.
5. Das Ziel bietet Mehrwert in sozialer Hinsicht und verbessert den momentanen Status quo. Auf diese Weise können viele Menschen mit ins Boot geholt werden.

Für gute Unternehmensvisionen gibt es zahlreiche Vorreiter, die mit gutem Beispiel vorangehen. Nehmen wir beispielsweise die Open Source Enzyklopädie Wikipedia, deren Credo da lautet: *Stell Dir eine Welt vor, in der jeder einzelne Mensch freien Anteil an der Gesamtheit des Wissens hat.* Voller Emotion begeistert sie sicherlich mehr Menschen als eine rein technische Botschaft. Zudem zeichnet diese Vision zwar eine Richtung auf, fixiert den Weg dahin jedoch nicht mit unnötig einschränkenden Details.

Es reicht jedoch nicht aus, die fünf oben genannten Punkte in der eigenen Unternehmensvision widerzuspiegeln. Selbst wenn alle Punkte beachtet werden, kann es durchaus vorkommen, dass ein solches Unternehmensziel trotzdem nicht funktioniert. Doch wie kann das passieren? Besonders dann, wenn Führungskräfte die Unternehmensvision und die entsprechenden Werte nicht korrekt vorleben und auch ausstrahlen, sind diese meist zum Scheitern verurteilt. Stimmen die Unternehmenswerte beispielsweise nicht mit der Vision überein, entsteht ein Widerspruch, der die Unternehmung von vornherein zum Scheitern verurteilt.

Und damit ist es noch nicht getan. Wenn Sie Ihr Unternehmen wirklich an Ihrem Ziel, Ihrer Vision ausrichten wollen, kann dies auch weitreichende Folgen haben, die nur mit viel Energie und Motivation bewältigt werden können. Solche Folgen können beispielsweise Auswirkungen wie bei Apple haben, als Steve Jobs zur Verwirklichung seiner Vision 22 von 24 Produktbereichen schließen ließ.

In der Regel gestaltet sich solches konsequentes Handeln umso schwieriger, je größer ein Unternehmen ist. Entwickelt sich eine Firma so weit, dass der eigentliche Visionär nicht mehr Teil des Unternehmens ist, wird vermutlich auch der Erfolg des Unternehmens ziemlich rasch infrage gestellt werden. In solchen Fällen nehmen kurz- bis mittelfristige Ziele meist überhand. In kleineren Einheiten ist es wesentlich einfacher, Visionen zu leben. Auch Querdenker sind in Aktiengesellschaften und großen Unternehmen eher die Seltenheit. Schließlich muss man ja gut angepasst agieren, um die Karriereleiter zum Manager hochzuklettern.

Wenn Sie es nun geschafft haben, für sich und Ihr Unternehmen eine Vision zu finden, die den fünf oben genannten Punkten entspricht und deren Werte zudem auch noch zu 100 Prozent vorleben, können Sie Ihre Vision tatsächlich zum Erblühen bringen. In einem ersten Schritt unterstützen Sie passendes Verhalten bei Ihren Mitarbeitern und richten sämtliche Prozesse konsequent auf Ihr Unternehmensziel aus.

Bringen Sie jetzt auch Geschichten ins Spiel! Mithilfe von Geschichten haben Sie beste Chancen, Ihre Vision klar und deutlich zu transportieren. Menschen benötigen ein buntes Bild eines Ziels, um dieses deutlich vor Augen zu haben. Sicherlich gibt es passende Geschichten über Ihr Unternehmen, mit denen Sie Ihr Unternehmensziel bildlich weiterleiten können. Geschichten können Ihnen übrigens auch dabei helfen, eine gute Vision für Ihr Unternehmen zu finden. Gründe für gute Unternehmensziele können durchaus auch in der Vergangenheit der Firma liegen.

Schon 1956 erschien Antoine de Saint-Exupérys *Die Stadt in der Wüste,* in der der Autor die Macht der Vision wie folgt sehr treffend beschreibt: »So werdet ihr den Krieg verlieren, sagte ich ihnen, weil ihr nach nichts Verlangen tragt. Keine Neigung spornt euch an. Und ihr arbeitet nicht zusammen, sondern richtet euch mit euren unzusammenhängenden Entscheidungen gegenseitig zugrunde. Seht den Stein, wie er lastet. Er rollt dem Grunde der Schlucht zu. Denn er besteht aus der Zusammenarbeit all der Staubkörner, aus denen er geformt ist und die alle dem gleichen Ziel zustreben. Seht das Wasser im Behälter. Es drückt gegen die Wände und wartet eine Gelegenheit ab. Denn es kommt der Tag, an dem sich die Gelegenheiten darbieten. Und das Wasser drückt unermüdlich Tag und Nacht.«[8]

8 Saint-Exupéry, Antoine de: Die Stadt in der Wüste, März 2009, Karl Rauch Verlag GmbH & Co KG, Neuauflage.

5.8 Was bringt mein Unternehmen der Allgemeinheit

Der *Fehlzeitenreport 2018*[9] zeigt auf, dass für Mitarbeiter der Nutzen eines Unternehmens für die Allgemeinheit sehr wohl von großer Bedeutung ist, wobei der Anteil an Frauen hier etwas größer ist als der der Männer. Der Nutzen für die Allgemeinheit bringt gleichzeitig gesellschaftliche Anerkennung der Tätigkeit einzelner Mitarbeiter mit sich.

Doch was für einen gesellschaftlichen Beitrag kann ein Unternehmen denn überhaupt leisten? Und welche Verantwortung haben Unternehmen in Bezug auf die Gesellschaft eigentlich?

Mit zunehmender Tendenz wird erwartet, dass ein Unternehmen für Mitarbeiter und Kunden gleichermaßen Mehrwert stiftet. Nachhaltigkeit ist dabei ein Schlüsselwort, denn kurzfristiger Nutzen hilft niemandem.

Der Erfolg eines Unternehmens basiert in der Regel auf dem Prinzip des Vertrauens. Sie als Führungskraft schaffen entsprechende Freiräume für Selbstbestimmung und Selbstverantwortung und haben Vertrauen in die Fähigkeiten Ihrer Mitarbeiter.

Unternehmen nützen der Gesellschaft nachhaltig in vielerlei Hinsicht und die kleineren Unternehmen können hier oft mit gutem Beispiel vorangehen. So wirken gerade kleine Firmen und Familienunternehmen stabilisierend – und dies auch in wirtschaftlich schwierigen Zeiten. Familienunternehmen planen in den meisten Fällen krisenfester als große Unternehmen und haben langfristige Ziele vor Augen. Gerade aufgrund der Tatsache, dass bei kleinen Unternehmen meist das eigene Kapital investiert wurde, wird mehr auf Nachhaltigkeit aller Handlungen geachtet.

Auf dem Lande, wo oft weniger Ausbildungsplätze oder Arbeitsstellen zur Verfügung stehen als in den städtischen Zentren, haben die vorhandenen Unternehmen die Aufgabe, diese Stellen für die Region zu sichern – und dies nachhaltig, auch wenn sie längst zum Global Player avanciert sind.

9 Badura, Bernhard und Ducki, Antje: Fehlzeiten-Report 2018: Sinn erleben – Arbeit und Gesundheit, September 2018, Springer Verlag, 1. Auflage.

Neben Arbeitsplätzen und Produkten bringt Ihr Unternehmen der Allgemeinheit natürlich auch Aufschwung über die Ertragsteuern, Einkommensteuern und andere staatliche Abgaben. Auch hier haben Familienunternehmen einen Vorsprung. Nur selten werden die Steuern von solchen Firmen im Ausland beglichen. Gute 69 Prozent der kleinen Unternehmen berappen ihre Steuern in Deutschland und lassen sie somit wieder der Allgemeinheit zugutekommen.

Durch das so geschaffene Vertrauen in den Arbeitgeber fühlen sich Mitarbeiter wohl und sind damit automatisch produktiver. Gesellschaftliche Verantwortung wird neben den bislang genannten Punkten natürlich auch in Form von Unterstützung und Spenden übernommen. Mehr als 50 Prozent des Vermögens verschiedener deutscher Stiftungen stammen aus unterschiedlichen Unternehmen.

Sie können also neue Modelle nutzen, um neben unternehmerischem Erfolg auch noch einen großen gesellschaftlichen Nutzen zu bieten. Sei es in Form finanzieller Abgaben, durch die Versorgung einer Region mit einem gesuchten Produkt oder durch die Schaffung neuer und nachhaltiger Arbeitsplätze.

5.8.1 Corporate Social Responsibility oder Corporate Citizenship

Die Verantwortung seitens der Unternehmen gegenüber der Gesellschaft ist im Prinzip kein neues Thema. Bereits im 19. Jahrhundert wurde von Firmen im Zuge der Industrialisierung gesellschaftliche Verantwortung in Form von Organisationen wie der Arbeiterwohlfahrt übernommen. Die Art und Weise, wie sich diese Verantwortung zeigen soll, hat sich allerdings im Lauf der Geschichte grundlegend gewandelt. Dabei stehen sich unterschiedliche Ideale gegenüber.

Manche Menschen vertreten die Meinung, dass ein Unternehmen durch seinen Gewinn und die damit verbundenen Abgaben bereits seine gesellschaftliche Verantwortung erfüllt hat. Demgegenüber steht die Meinung, dass sich die gesellschaftliche Verantwortung eines Unternehmens an den Bedürfnissen der Gesellschaft orientieren muss, die im Endeffekt einen Gewinn erst möglich macht.

Natürlich sollte jedes Unternehmen einen maximalen Gewinn erwirtschaften. Allerdings können und sollen die Rahmenbedingungen, die zum Erreichen dieses Gewinns führen, nicht in allen Details vom Staat vorgegeben werden. Hier sollten sich Unternehmen sowohl gemäß der Corporate Social Responsibility als auch der Corporate Citizenship freiwillig über die gesetzlichen Vorgaben hinaus engagieren. Beide Konzepte sind bislang weder konkret definiert noch exakt abgegrenzt worden. Allerdings lässt sich doch eine grobe Unterscheidung diesbezüglich treffen.

Mit dem Begriff Corporate Citizenship wird das Engagement von Unternehmen in bürgerschaftlicher Hinsicht bezeichnet. Das bedeutet konkret, dass Sie sich als Führungskraft über Ihre unternehmerische Tätigkeit hinaus auch in der Zivilgesellschaft beispielsweise für kulturelle, soziale oder ökologische Aktivitäten engagieren. Auch sogenannte soziale Kooperationen fallen in den Bereich der Corporate Citizenship.

Es gibt einige Instrumente, die von Firmen im Zuge der Corporate Citizenship eingesetzt werden können. Eine ganze Reihe an Tools steht Ihnen zur Verfügung, um Ihr gesellschaftliches Verantwortungsgefühl zu unterstreichen. Sowohl kleine als auch mittelständische und große Unternehmen können auf diese Bausteine gleichermaßen zurückgreifen. So steht etwa die Möglichkeit im Raum, durch Unternehmensspenden gesellschaftliche Verantwortung zu übernehmen. Auch Sozialsponsoring ist eine beliebte Maßnahme mit Tradition.

Im Prinzip handelt es sich um eine klassische Marketingmaßnahme. Sie unterstützen einen Verein oder eine Person und erhalten dafür beispielsweise Werbefläche frei nach dem Motto: Tu Gutes und sprich darüber. Ein anderes Marketinginstrument ist das zweckgebundene Marketing, bei dem Sie einen Teil des Erlöses eines Produkts oder einer Dienstleistung für einen sozialen Zweck spenden. Sie können Stiftungen gründen oder die Zeit Ihrer Mitarbeiter für gemeinnütziges Engagement schenken. Vergeben Sie Aufträge an soziale Organisationen, die etwa sozial beeinträchtigte Menschen anstellen. Je nach gesellschaftlicher Gruppierung, deren Bedürfnisse Sie bedienen wollen, können Sie diese oder auch andere, ähnliche Maßnahmen ergreifen, um die Übernahme gesellschaftlicher Verantwortung zu belegen.

Wenn es um Corporate Social Responsibility geht, so überschneidet sich diese großflächig mit der Corporate Citizenship. Einige Versuche, den Begriff genau abzugrenzen, sollen an dieser Stelle aufgezeigt werden, um Ihnen die Möglichkeit zu geben, den Sinn und Zweck der gesellschaftlichen Verantwortung auch für die eigene unternehmerische Entwicklung evaluieren zu können.

Archie Carroll stellt beispielsweise eine Pyramide aus vier Stufen vor, die die gesellschaftliche Verantwortung eines Unternehmens repräsentieren. Auf die erste Stufe stellt er die wirtschaftliche Verantwortung, nach der eine Firma zumindest kostendeckend funktionieren muss. Auf Stufe zwei steht die gesetzliche Verantwortung, nach der ein Unternehmen keine illegalen Tätigkeiten unternehmen darf. Stufe eins und zwei muss jedes Unternehmen also ohnehin einhalten. Die weiteren beiden Stufen hingegen sind wichtig für die gesellschaftliche Akzeptanz. Stufe drei besagt, dass das Unternehmen ethisch und fair handeln muss, und zwar über die bestehenden Gesetze hinaus.

Die anscheinend branchenüblichen Vorgänge in einem großen Schlachtbetrieb in Deutschland im Juni 2020 waren vermutlich legal, wurden aber von vielen Menschen als unethisch empfunden. So führten die Folgen eines Corona-Ausbruchs in diesem Betrieb zu schlechter Presse und empfindlichen Einbußen für das Unternehmen und den Unternehmer. Sie sehen, wie wichtig Werte sind.

Als höchsten Grad der gesellschaftlichen Verantwortung beschreibt Carroll dann noch die sogenannte philanthropische Verantwortung, bei der es um die Übernahme karitativer Verantwortung geht.

Gesellschaftliche Gruppierungen können unterschiedlichste Anforderungen an Unternehmen richten. So wird für Mitarbeiter etwa eine faire Entlohnung oder ein sicherer Arbeitsplatz eine Priorität darstellen, während für den Kunden eine qualitativ gute Leistung oder ein qualitativ gutes Produkt im Vordergrund steht. Wieder andere Anforderungen kommen vonseiten der Investoren oder etwa Umweltschutzorganisationen. Wer eine dieser vielen gesellschaftlichen Gruppen vernachlässigt, riskiert, im Wettbewerb nicht punkten zu können. Sie in Ihrer Rolle als Unternehmer oder Führungskraft müssen diese ganz unterschiedlichen Anforderungen der Gesellschaft in ein Gleichgewicht bringen.

Haben Sie festgestellt, welche dieser gesellschaftlichen Gruppen für Ihr Unternehmen wirklich relevant sind, formulieren Sie eine entsprechende Strategie und konkrete Ziele und setzen diese entsprechend um.

6 You go first

Um als Führungskraft authentisch zu sein und Mitarbeiter entsprechend gut zu motivieren, gehen Sie als Vorbild mit gutem Beispiel voran. Dabei geht es nicht darum, selbst zu glänzen, sondern darum, Ihre Mitarbeiter zu befähigen, ihr Bestes zu geben.

Natürlich ist der fiktive Perfektionismus übertrieben, nach dem Sie gleichzeitig Mentor, Psychologe oder eine sonstige Leuchtfigur sein sollen, die das Büro zum Erstrahlen bringt. Es geht jedoch darum, dass Sie anderen Menschen helfen, Ihre Fähigkeiten zu erkennen, zutage zu fördern und zu verstärken und diese mit den Unternehmenswerten und Zielen des Unternehmens zu synchronisieren. Wie müssen Sie also vorgehen, um wirkungsvoll zu führen?

Klären Sie in einem ersten Schritt für sich selbst, welches Denken Sie an die gegenwärtige Position geführt hat und welche Einstellung Sie zum Thema »Menschen fördern« tatsächlich haben. Um Ihre Mitarbeiter, um andere Menschen, dort abholen zu können, wo sie sich gerade befinden und dort hin zu führen, wo für Sie das optimale (Unternehmens-)Ziel liegt, benötigen Sie das Vertrauen aller Beteiligten.

Dazu sind Eigenschaften notwendig, die Sie selbst auch von anderen Menschen erwarten würden, wenn Sie diesen folgen wollen würden: Wir vertrauen anderen Menschen, wenn diese auf uns authentisch wirken, wenn wir das Gefühl haben, dass sie tun, was sie sagen und dass sie sagen, was sie tun – dass sie ehrlich, verlässlich, glaubwürdig sind.

Menschen wollen informiert und vor allem involviert sein. Sie spüren, wenn ihnen Informationen vorenthalten werden, wenn sogenannte ›Hidden Agendas‹ im Raum liegen. Das, was daraus folgt, sind Mistrauen und Gerüchte, allseits bekannt als ›Flurfunk‹. Wie schnell der Flurfunk funktioniert, dürfte Ihnen in Ihrer Karriere bereits auch schon einmal aufgefallen sein.

All dies soll im New Work bestmöglich vermieden zu werden durch authentische, ehrliche und verlässliche Kommunikation. Dazu gehört, dass Sie in Ihrem Verhalten vorbildlich vorangehen.

Einige der immer noch vorhandenen landläufigen Annahmen, wie Sie als Führungskraft genau zu sein haben, um erfolgreich sein zu können, können Sie getrost vergessen. Es gibt keinen Prototypen einer Führungspersönlichkeit! Es gibt den authentischen Menschen, der anderen Menschen Ziele und Werte glaubhaft nahelegt und selbst diesen Zielen und Werten uneingeschränkt folgt und diese vorlebt.

Nein, Sie müssen nicht einem idealen Bild entsprechen! Schließlich sind Sie ein ganz normaler Mensch, der handelt und damit auch Fehler macht. Fehler sind authentisch, Fehler machen authentisch. Lassen Sie Ihre Fehler außer Acht und konzentrieren Sie sich darauf, Ihre Stärken auszubauen, anstatt Ihre Fehler auszumerzen.

Fehler sind grundsätzlich die wichtigsten Erfahrungen, aus denen wir lernen – ein fehlerloser Mensch wird nicht lernen können, ein Fehler-Vermeider wird nie ins Handeln kommen können oder Entscheidungen treffen wollen. Betrachten Sie Fehler grundsätzlich als Feedback – auf das, was Sie gesagt oder getan haben – und integrieren Sie entsprechend dieses Feedback in Ihre nächste Handlung. Haben Sie den Mut, mit Ihren Entscheidungen und Handlungen Fehler zu machen, denn nur so kommen Sie schneller zu Ihrem gewünschten Ergebnis und Ziel. Wer Angst vor einem Wasserschaden hat, wird vermutlich erst gar nicht die Bohrmaschine in die Hand nehmen.

Nein, Führungsfähigkeiten zu *besitzen* ist keine angeborene Stärke! Lediglich die persönlichen Anlagen dürfen passen, damit Sie diese entsprechend ausbauen können. Der Rest ist erlernbar.

Nein, Sie haben nicht nur Eigenschaften, die von anderen Menschen als positiv bewertet werden und Sie müssen auch nicht immer bester Laune sein. Achten Sie jedoch darauf, Ihre jeweilige Laune nicht an Ihren Mitarbeitern auszulassen.

Nein, Sie müssen die Menschen in Ihrem Unternehmen nicht glücklich machen! Schließlich wachsen Ihre Mitarbeiter dann am besten, wenn Sie sich auch etwas bemühen dürfen. Vergessen Sie also den Kuschelkurs in der Firma – dafür hat jeder sein eigenes Zuhause.

Nähe und Distanz zu den Beschäftigten in Ihrem Unternehmen müssen in Einklang gebracht werden. Zeigen Sie sich allzu harmoniesüchtig, kann dies leicht vom eigentlichen Ziel wegführen, Menschen zu entwickeln. Um den Mitarbeitern ein gutes Wachstum mit ihren Fähigkeiten und Potenzialen zu ermöglichen, müssen Sie also das Gleichgewicht zwischen Nähe und Distanz erfolgreich in Balance bringen.

Es ist für eine erfolgreiche Führungskraft nicht ausschlaggebend, von allen gemocht zu werden. Dadurch würden Sie rasch in Gefahr laufen, von Ihren Mitarbeitern geführt zu werden, statt umgekehrt. Tragen Sie Konflikte in vernünftiger – vor allem offener und ehrlicher – Art und Weise aus und verzichten Sie auf kontraproduktiven Einklang und falsche Kompromisse um jeden Preis.

Aber Achtung: Es geht in keinem Fall darum, auf Hierarchien zu pochen und sich selbst als eine Art Führer frei nach dem Motto »Ich zeige es Euch und Ihr macht es nach« zu präsentieren. Im Zuge von Arbeit 4.0 führen Sie nicht mehr von oben nach unten, sondern in alle Richtungen. Sie führen sich selbst, werden geführt und führen andere.

Lösen sie auch niemals die Probleme anderer, nur um zu beweisen, dass Sie selbst das besser hätten erledigen können. Sie bremsen damit das Wachstum Ihrer Mitarbeiter empfindlich.

6.1 Führung durch Selbstführung

Wie erhöhen Sie Tag für Tag Ihre Wirkung auf Ihre Mitarbeiter? Was können Sie tun, um diese Wirkung stetig zu steigern und effizienter zu gestalten?

Seien Sie offen Ihren Mitarbeitern gegenüber und verstecken Sie nicht, wer Sie sind. Nur wenn Sie sich öffnen, werden Sie auch andere begeistern und somit führen können. Nur wenn Sie vorleben, was Sie von anderen erwarten, sind Sie diesen gegenüber glaubwürdig. Es ist demnach nicht wichtig, dass Sie fachlich auf der Höhe sind – das ist meist sowieso gegeben, es ist grundlegend wichtig, dass Sie sich in erster Linie mit Ihrer eigenen Persönlichkeit und Ihrem Verhalten auseinandersetzen. Sind Sie eher mutig oder sehen Sie eher die Gefahr? Sehen Sie sich eher schon im Ziel oder eher auf dem Weg dorthin scheitern? Gelingt es Ihnen, selbstgesetzte Ziele – wie Körpergewicht verringern, Rauchen aufhören, Essgewohnheiten verbessern, mehr Sport treiben – spielend leicht zu erreichen, oder schieben Sie solche Themen eher auf, sobald ein kleines Hindernis auftaucht?

Sie führen als Vorbild durch Ihre (Unternehmens-)Werte zum Ziel und sind damit authentisch. Authentizität bewirkt Glaubhaftigkeit und Vertrauen. Menschen nehmen Authentizität wahr, indem Sie spüren, dass Sie als Führungskraft die ausgewählten Werte tatsächlich im Alltag verkörpern. Nur so können sich Ihre Mitarbeiter an Ihnen orientieren und bekommen Sicherheit vermittelt.

Natürlich bringt jeder Mensch seine eigenen Werte mit. Es gibt allerdings eine ganze Reihe an Werten, die Sie als Führungskraft in jedem Fall bis zu einem gewissen Grad verkörpern sollten. Neben Mut zu neuen Entscheidungen sollten Sie zudem ein verlässlicher Ansprechpartner für die Menschen sein, mit denen Sie gemeinsam Ihr Ziel erreichen wollen. Begegnen Sie Menschen mit Respekt. Nur so stellen Sie sicher, dass im Gegenzug auch Ihnen Respekt entgegengebracht wird. Durch Ihre Wertschätzung werden Ihre Mitarbeiter wachsen. Allein durch Worte wird es Ihnen nicht gelingen, Menschen zu begeistern oder zu einer gemeinsamen Anstrengung auf dem Weg zu Ihrem Ziel zu bewegen. Indem Sie vorleben, was Sie von anderen erwarten, schaffen Sie Vertrauen in Ihre Fähigkeiten von Führung. Die Fähigkeit, sich selbst jederzeit führen zu können ist die Voraussetzung dafür, andere Menschen zu führen.

Lernen Sie, sich selbst noch besser und realistischer einzuschätzen. Können Sie Menschen inspirieren und haben dazu noch strategische Fähigkeiten und die Gabe, verschiedene Rollen einnehmen zu können? Sind Sie bereit, neue Fähigkeiten zu erlernen und Bestehende stetig zu verbessern? Haben Sie die Gabe, disziplinarisch zu führen? Auch in Zeiten des *New Work* ist es manchmal notwendig, disziplinarisch vorzugehen.

Gelingt es Ihnen, sich selbst realistisch einzuschätzen, werden auch andere Menschen für Sie kein Rätsel sein. Wenn Sie hingegen kein realistisches Bild von sich selbst haben, werden vermutlich auch Ihre Mitarbeiter ein Buch mit sieben Siegeln für Sie bleiben. Eine gesunde Menschenkenntnis fängt bei der Einschätzung des eigenen Ich an.

6.2 Eigene Handlungsweisen kritisch betrachten

Gerade bei kritischem Betrachten des eigenen Denkens und Handelns tun sich viele Menschen von Natur aus eher schwer. Handlungsweisen, die sich über Jahre festgefahren haben und Ihnen in Fleisch und Blut übergegangen sind, lassen sich scheinbar nur sehr schwer wieder loswerden. Manche sagen dann »so bin ich eben, das ist halt so«.

Unpassende Gewohnheiten und Verhaltensweisen, wie unbewusste Vermeidungsstrategien oder wenig nützliche Glaubenssätze loszuwerden ist dabei keine Zauberei – dies durfte ich in den letzten 15 Jahren zahlreichen Teilnehmern in Führungskräfteentwicklungen und Coachings zeigen.

Üben Sie sich nicht nur in Selbstreflexion, sondern holen Sie sich hier in jedem Fall auch Feedback und Unterstützung von anderen Personen. Fremdreflexion durch einen Coach oder ein Seminar zum Thema Selbstführung kann dabei helfen, Verhaltensänderungen wirksam umzusetzen.

Entwickeln Sie sich zu einer authentischen Führungskraft, der es noch leichter fallen wird, Mitarbeiter zu fördern und deren Kreativität zum Leben zu erwecken. Indem Sie lernen, zu sich selbst immer wieder eine Metaposition einzunehmen, erlangen Sie die Fähigkeit, sich selbst und Ihre Handlungsweisen zu reflektieren, in einem anderen Licht zu betrachten.

Was bedeutet eigentlich »führen«? Konnte man vor hundert Jahren diese Frage noch ganz klar mit einer klassischen von oben nach unten geführten Hierarchie beantworten, bei der ein klassischer Chef als maximale Respektsperson regierte, so ist dieser Führungsstil in Zeiten von Arbeit 4.0 überholt. Als »führen« wird heute das Zusammenspiel aller Handlungen bezeichnet, die Sie als Führungskraft anwenden, um die Fähigkeiten Ihrer Mitarbeiter zu bündeln und somit erfolgreicher zu Ihrem Ziel zu gelangen. Zum heutigen Verständnis von »führen« gehört auch die Verantwortung für die korrekte Einschätzung der Fähigkeiten der Mitarbeiter und die dementsprechende Förderung dieses Potenzials. Um auf diesem Gebiet erfolgreich zu sein, müssen Sie sich in Ihre Mitarbeiter hineinversetzen können.

Lernen Sie, zu verstehen, warum sich ein Mensch in einer bestimmten Art und Weise verhält und was er mit seiner Verhaltensweise hintergründig erreichen möchte. Nur wenn Sie dies berücksichtigen, werden Sie die Handlungen anderer anders bewerten können und vielleicht auch anders beurteilen als vorher. Gehen Sie davon aus, dass jeder Mensch nur aufgrund seiner besten Option handelt, dann ist es die Aufgabe von Führung, diesem Menschen alternative Optionen aufzuzeigen und »schmackhaft« zu machen. Eine Sanktionierung von »falschem« Handeln allein bewirkt keine

Veränderung! Verlieren Sie dabei folgende Tatsache nicht aus den Augen: Nur wenn Sie selbst Ihre eigenen Potenziale und Optionen kennen, können Sie die persönlichen Kompetenzen anderer schätzen und realistisch einordnen.

Kritik an Ihrer Person oder Ihren Handlungsweisen sollten Sie stets konstruktiv gegenüberstehen und diese als Hilfe zur besseren Selbsteinschätzung sehen. Wenn Sie in der einen oder anderen Situation mit Selbstreflexion an Ihre Grenzen stoßen, können Sie sich mit erlebten Erfahrungen aus der Vergangenheit behelfen. Übertragen Sie solche Situationen auf das Hier und Jetzt, um einen Vorteil aus diesen Erfahrungen zu ziehen.

6.3 Wie Sie zum selbstreflektierenden Menschen werden

Eine selbstreflektierende Person hat keinerlei Probleme damit, Ihre eigenen Handlungsweisen im Nachhinein so zu analysieren, dass sie in Zukunft Nutzen daraus ziehen kann. Wird eine solche Selbstreflektion nicht betrieben, so bleibt die persönliche Entwicklung an einem fixen Punkt stecken und das eigene Handeln wird nur mehr subjektiv betrachtet.

Viele Menschen sehen sich auf Nachfrage als selbstbestimmte Menschen und glauben, Ihre eigenen Ziele zu verfolgen. Doch so einfach ist die Sache nicht. Es gilt zunächst zu verstehen, worum es sich bei einer Reflexion überhaupt handelt. Die Reflexion ist im Prinzip nichts anderes als ein Analysieren der eigenen Handlungsweisen oder der eigenen Person mit anschließender Problemlösung. Warum reagiere ich in bestimmten Situationen auf eine bestimmte Art und Weise?

Der deutsche Soziologe Niklas Luhmann[10] hat die Reflexion treffend als »Gedanken beobachten Gedanken« beschrieben. Der normale Gedankenfluss wird dabei unterbrochen und eine bestimmte Problematik genau abgeklärt. Dies kann nur durch einen bewussten Akt geschehen, der den eigentlichen Gedanken beobachtet und gegebenenfalls umstrukturiert. Fehler werden dadurch korrigiert, andere Gedanken werden entwickelt und Sie selbst werden schließlich zu dem, was alle zu sein vorgeben: einem Individuum.

10 Luhmann, Niklas, Soziologische Aufklärung 6 – Die Soziologie und der Mensch, Verlag für Sozialwissenschaften, Februar 2005, 2. Auflage, S. 62.

Nicht alle Menschen haben die Gabe zur Selbstreflexion in die Wiege gelegt bekommen. Mithilfe von unterschiedlichen Phasen der Reflexion können solche Unterschiede in der Qualität der Selbstreflexion sichtbar gemacht werden.

Bevor wir uns selbst reflektieren, ist es notwendig, das Analysieren von äußeren Gegebenheiten in Betracht zu ziehen. Regeln werden begriffen, Zusammenhänge verstanden. Ein zu den eigenen Lebensstrukturen passendes Repertoire an Verhaltensweisen wird bereits im Laufe der Kindheit erlernt und spätestens während der Schulzeit verfestigt. Sind solche Themen beispielsweise von Pädagogen oder Eltern fremdbestimmt und werden sie in der Folge hinterfragt und mit eigenen Kriterien versehen, so ist die selbstbestimmte Reflexion geboren. Wenn die Werte einer solchen Reflexion nicht genau begründet oder erklärt werden können, so bedeutet dies meist, dass sie fremdbestimmt ist.

Als zweite Phase der Reflexion tritt das Analysieren von abstrakten Konzepten auf den Plan. Hier kommen erstmals auch Konzepte wie Moral oder Ästhetik mit ins Spiel, die bereits auch innere Werte widerspiegeln. Philosophisch begründete Konzepte kommen hier ebenfalls zum Tragen. Es werden gesellschaftliche Normen und Regeln hinterfragt und neue Weltbilder aufgestellt. Mithilfe dieser Phase der Reflexion lassen sich starre Muster auflösen und eigene Werte neu definieren.

Erst in einer dritten Phase schreiten Sie zur Selbstreflexion. Nun analysieren Sie auf einer Metaebene, wie Sie analysieren. Durch Selbstreflexion eröffnen sich Ihnen neue Möglichkeiten zur Gestaltung und Veränderung Ihrer selbst. Sie werden vielleicht zu der Erkenntnis erlangen, dass die meisten Ihrer Werte oder Ideen fremdbestimmt sind und in der Folge auch eine bestimmte Unsicherheit diesbezüglich verspüren.

Vermutlich werden Sie feststellen, dass die meisten Menschen nicht wirklich mit dem Konzept der Reflexion vertraut sind, geschweige denn die Selbstreflexion beherrschen. Die meisten Menschen stecken in den ersten beiden Phasen der Reflexion fest und sind in der Folge auch nur in der Lage, dieser entsprechenden Phase zugeordnetes Denken zu verstehen. Ihre Aufgabe ist es, Ihre Mitarbeiter genau da abzuholen, wo sie mit ihrer Reflexion stehen. Doch dazu sollten Sie selbst erst alle Phasen der Reflexion beherrschen.

Sobald Sie in der Lage sind, Ihre eigenen Stärken und Schwächen zu erkennen, werden Sie in einem ersten Schritt auch feststellen, ob Ihre Berufswahl überhaupt die richtige für Sie war und ob Sie überhaupt in Ihrer Position glücklich werden können. Erschrecken Sie also nicht, wenn Sie zu Beginn dieser kritischen Selbstbetrachtung zu einer neuen Perspektive Ihrer Situation gelangen – schließlich ist das auch das Ziel der Selbstreflexion.

Am einfachsten starten Sie Ihre Selbstreflexion durch eine einfache Technik. Erschaffen Sie im Geiste eine Art Doppelgänger, der eine Metaposition – eine Perspektive von oben gesehen – einnimmt, und lassen Sie diesen eine weitgehend objektive Beobachtung kundtun, sobald Sie emotionale Einflüsse verspüren. Reflektieren Sie so einmal täglich einen Teil der Gespräche, die Sie über den Tag geführt und ebenso alle Entscheidungen, die Sie getroffen haben. Sehen Sie sich dabei in einer ersten Phase nur Ihr eigenes Verhalten an. Das Verhalten Ihrer Gesprächspartner lassen Sie zunächst außen vor.

Anfangs wird es Ihnen vermutlich immer wieder passieren, dass Sie die Metaposition vergessen. Erst in dem Moment, wenn Sie bereits während eines Gesprächs die Situation automatisch auch aus einer Metaposition heraus erleben können, haben Sie das Ziel Ihrer Selbstreflexion erreicht. Wichtig ist an dieser Stelle das »dranbleiben«, handelt es sich doch um eine Verhaltensveränderung, die eine kontinuierliche Übung voraussetzt.

Ist dieser erste Schritt geschafft, werden Sie vermutlich auch keine Schwierigkeiten mehr damit haben, einzuschätzen, wie Ihre Worte von Ihren Gesprächspartnern aufgenommen werden. Friedemann Schulz von Thun hat hierzu passend die *Vier Seiten einer Nachricht* ins Leben gerufen. Dieses Modell besagt, dass, egal was Sie sagen, dies stets von vier Seiten her betrachtet werden muss.

Ein einfaches Beispiel kann diese vier Seiten einfach erklären. Wenn Sie Ihren Mitarbeitern etwa mitteilen: »Heuer haben wir aufgrund des passenden Wetters wieder ausreichend Aufträge abzuwickeln«, so kommunizieren Sie damit vier Aspekte:

1. Der Sachaspekt gibt sachliche Informationen. Die Mitarbeiter werden verstehen, dass in nächster Zeit ihre Arbeitskraft und -zeit benötigt wird.
2. Der Beziehungsaspekt transportiert die Beziehung vom Sender zum Empfänger. In diesem konkreten Fall werden die Mitarbeiter beispielsweise verstehen, dass Überstunden anfallen werden.

3. Der Selbstoffenbarungsaspekt schickt dem Empfänger Werte und Emotionen mit. Hier wird klar kommuniziert, dass es eine ermüdende und anstrengende Zeit werden wird.
4. Der Appellaspekt ist diejenige Seite, die eine Funktion bzw. eine Nachricht mitschickt. Die Mitarbeiter werden verstehen, dass eine Bereitschaft zu Mehrarbeit vorausgesetzt wird.

Eine angesehene und gerne oft verwendete Methode ist die der »Six Thinking Hats« von Edward de Bono.[11] Diese Methode lässt sich hervorragend in Gruppendiskussion verwenden, wenn wichtige und meist konfliktverursachende Entscheidungen – zum Beispiel auf Vorstandsebene – getroffen werden müssen. Anstelle einer Metaebene gibt es sechs imaginäre Hüte, die sich die Teilnehmer aufsetzen können: einen weißen Hut, unter dem ausschließlich die vorliegenden Fakten betrachtet werden; einen gelben Hut, unter dem die positiven Auswirkungen der möglichen Optionen gesehen werden; einen schwarzen Hut, unter dem alle Worst-Case-Szenarien inszeniert werden können; einen roten Hut, unter dem sämtliche Emotionen, Vorlieben und Befürchtungen genannt werden können; einen grünen Hut, unter dem alle möglichen Optionen, Alternativen, Konzepte bis hin zu »schrägen« Ideen ihren Raum finden können und zuletzt einen blauen Hut, unter dem der gesamte Prozess letztendlich zusammengeführt werden kann.

Gerade dann, wenn es darum geht, eine verlässliche und für alle nachvollziehbare Struktur in Entscheidungsprozesse hineinbringen zu wollen, haben sich die »Six Thinking Hats« in meiner langjährigen Erfahrung als Führungskraft in großen Unternehmen hervorragend bewährt.

Nun ist es an der Zeit, für sich selbst festzustellen, was Sie von Ihren Mitarbeitern erwarten und gehen Sie dazu in aktive Kommunikation mit den Menschen. Lassen Sie dabei Ihre Selbstreflexion interaktiv werden. Solche Gespräche, bei denen Sie auch ungeklärte Spannungen mit Ihren Mitarbeitern ansprechen, werden Ihnen weitere wertvolle Informationen zum Umgang mit Selbstkritik liefern.

Die nächste Frage, die Sie sich selbst stellen sollten, ist die, ob Sie denn ein gutes Vorbild sind. In erster Linie habe ich als Führungskraft die Erfahrung gemacht, dass

11 http://www.debonogroup.com/six_thinking_hats.php (abgerufen am 25.11.2020)

Führungskräfte dann als authentisch und Vorbild angesehen werden, wenn sie – wie schon erwähnt – auf jegliche »hidden Agendas« verzichten und »tun, was sie sagen und sagen, was sie tun«.

Scheuen Sie sich zu guter Letzt nicht davor, sich auch von Ihren Mitarbeitern Feedback zu holen. Die Mitarbeiter werden Ihren diesbezüglichen Fragen sicherlich positiv gegenüberstehen, während Sie wertvolles Feedback erhalten.

Seien Sie sich in jedem Moment dessen bewusst, dass Sie zuerst sich selbst erkennen müssen, um eine gute Führungskraft zu sein. Gerade bei kleinen oder mittelständischen Unternehmen sind nur die wenigsten Manager oder Personen in Führungspositionen bereit, über Ihre eigenen Führungsqualitäten zu reflektieren – geschweige denn, etwas daran zu ändern oder zu verbessern. Führung wird meist einfach mit der Erfüllung von Aufgaben gleichgesetzt, die Führungskraft ist ›Vorgesetzter‹. Natürlich gelingt es dadurch meist nur beschränkt oder gar nicht, den Mitarbeitern Orientierung zu geben oder Ziele – falls vorhanden – zu erreichen.

Sie müssen sich dabei nicht auf einen einzigen Führungsstil festlegen. Wichtig ist lediglich, dass die Mischung stimmt und besonders vom direktiven Führungsstil nicht allzu viel zu spüren ist. Letzterer fungiert meist nur als Bremse, wenn es zu Motivation und Kreativität kommen soll. Führen Sie gleichermaßen visionär und partizipativ. Führen Sie mit emotionalen Zielen und nehmen Sie Ihre Mitarbeiter mit ins Boot. Achten Sie schon im Einstellungsprozess sehr genau darauf, dass die persönlichen Zielvorstellungen und Werte der Mitarbeiter vereinbar sind mit Ihren Unternehmenszielen und Unternehmenswerten.

Bieten Sie den Menschen, die in Ihrem Unternehmen arbeiten, langfristige Perspektiven an, um mit Ihnen gemeinsam neue Ideen entstehen zu lassen. Achten Sie außerdem auf Zusammenhalt, fördern Sie die Menschen in Ihrer Entwicklung und erwarten Sie nicht, dass alle Ihre Mitarbeiter Ihren Anweisungen strikt folgen. Schließlich haben Sie hoch qualifizierte Fachkräfte eingestellt, die in manchen Bereichen über tieferes Wissen verfügen als Sie selbst und gerade durch verantwortungsbewusstes eigenes Denken und Handeln in Ihrem Verantwortungsbereich gute Entscheidungen treffen werden. Besonders in den Bereichen Motivation und Leistungsförderung lassen die meisten Führungskräfte in unseren Breiten noch zu wünschen übrig. Dies hat seine Ursache zumeist darin, dass ein direktiver Führungsstil überwiegt. Befehle werden von oben nach unten erteilt und zähneknirschend befolgt, selbst wenn sie sich von vornherein als Fehler darstellen.

Führungskräfte verfügen im Allgemeinen nicht über die Qualifikation, das Wissen und die Erfahrungen eines ganzen Teams. Im besten Fall hat die Führungskraft eine ›globale‹ Sichtweise und verlässt sich auf die Expertise der individuellen Teammitglieder. Aus diesem Grund nannte sich der heutige CEO früher General Manager – Allgemeiner Manager. In dieser Rolle war und ist es wichtig, den generellen Überblick zu haben und zu behalten und in die individuellen Fähigkeiten des Teams zu vertrauen, die Mitarbeiter bestens zu kennen und weiter zu entwickeln.

Um aus diesem Hamsterrad auszubrechen, müssen Sie sich selbst täglich hinterfragen und ganz konkrete Themen für sich selbst klären. Besonders eingefahrene Routinen können durch Selbstreflexion ausgezeichnet durchbrochen werden. Überprüfen Sie mindestens einmal in der Woche Ihre Prioritäten und folgen Sie dabei einer Checkliste.

Beginnen Sie mit der Überlegung, welche Erfahrungen Sie sich aus der vergangenen Woche mitgenommen haben. Überlegen Sie in einem nächsten Schritt, welches dabei Ihr größter Erfolg war. Diese Überlegung wird Sie motivieren und Ihnen Selbstvertrauen geben. Machen Sie sich anschließend bewusst, mit welchen Aufgaben Sie in der vergangenen Woche Schwierigkeiten hatten und wie Sie solche Aufgaben in Zukunft besser meistern können.

Legen Sie für sich selbst fest, welche Aufgaben in der vor Ihnen liegenden Woche höchste Priorität haben sollten und planen Sie die einzelnen Schritte genau, die es Ihnen erlauben werden, Ihr Wochenziel zu erreichen. Gerade diese Überlegungen werden heute schon an vielen Grundschulen in der Form von eigenverantwortlichem Arbeiten mit den Kindern geübt. Diesen werden Wochenziele zwar in Aufgaben vorgegeben – den Weg dahin müssen die Kinder aber selbst für sich herausfinden und selbstorganisiert begehen.

Stellen Sie auch für sich selbst fest, welche Aufgaben für Sie mit einem gewissen Stresslevel verbunden sein werden. Auf diese Weise können Sie geeignete Maßnahmen ergreifen, um das Stressniveau niedriger zu halten. Finden Sie heraus, mit welchen Tätigkeiten Sie eher nutzlos Zeit verbraucht haben, die Ihnen dann an anderer

Stelle fehlte. Benennen Sie solche Tätigkeiten und eliminieren Sie sie. Sie schaffen so Zeit für Dinge, die Sie auf dem Weg zu Ihrem Ziel benötigen. Wenn Sie feststellen, dass Ihr Weg zum Ziel eventuell nicht der beste ist, überdenken Sie Ihre Handlungsweisen und passen sie gegebenenfalls an.

Identifizieren Sie in einem nächsten Schritt alle hypothetischen Hindernisse auf Ihrem Weg zum Ziel. Nur so stellen Sie sicher, dass Sie zeitnah so handeln, dass Sie Hindernisse vernünftig umgehen können. Legen Sie fest, von welchen Mitarbeitern Sie welche Art von Hilfe benötigen, um die Wochenziele zu erreichen. WICHTIG! Vergessen Sie dabei nicht, diesen dafür – in unterschiedlichen Formen – aufrichtig zu danken.

Zuletzt überlegen Sie sich auch, auf was Sie sich denn in der kommenden Woche freuen. So können Sie positive Energie verströmen und dem Erreichen Ihres Ziels zuversichtlich entgegenschreiten.

6.4 Anleitung anstelle von Führung

Zu den Aufgaben einer Führungskraft gehört es, Mitarbeiter anzuleiten. Hierzu wollen wir Ihnen ganz zu Beginn unserer Überlegungen ein Beispiel aufzeigen.

Ein Chef, Herr Schmidt, gibt seinem Mitarbeiter, Herrn Müller, die Aufgabe, eine neue Software zur Kundenverwaltung zu entwickeln und für diese Software innerhalb eines Monats eine bestimmte Anzahl an Kunden zu gewinnen. Anschließend widmet sich Herr Schmidt anderen Dingen, da er davon ausgeht, dass Herr Müller, der bisher immer zuverlässig alle Aufgaben erledigt hat, auch diese Aufgabe zuverlässig erfüllt.

Die Zeit vergeht und Herr Schmidt erhält auch nach Wochen noch keine Ergebnisse. Ab und an begegnet er Herrn Müller in der Kantine und fragt ihn nach dem Stand der Dinge. Dieser versichert stets, alles liefe nach Plan und Herr Schmidt fragt nicht weiter nach. Schließlich hat bisher immer alles wunderbar funktioniert. Erst kurz vor Ende des vereinbarten Monats gesteht Herr Müller Herrn Schmidt, dass er den Termin nicht einhalten können wird. Herr Schmidt versteht nicht, warum er nicht früher informiert wurde und so auch die Möglichkeit gehabt hätte, erforderliche Maßnahmen zu ergreifen.

Nun muss die Frage nach der Schuld am Scheitern der Aufgabe beantwortet werden. Natürlich tragen Herr Schmidt und Herr Müller beide Schuld – der Hauptanteil daran liegt aber ganz klar bei der Führungskraft. Herr Schmidt stellte weder sicher, dass Herr Müller die nötige Unterstützung bei der Erfüllung seiner Aufgabe bekam, noch ließ er sich regelmäßig wirkliches Feedback über den Stand der Dinge geben. Somit war auch ein korrigierendes Eingreifen so gut wie unmöglich. Herr Müller wurde bei der Erfüllung seiner Aufgabe nicht angemessen angeleitet.

Verwechseln Sie auf keinen Fall Anweisen mit Anleiten. Der Begriff Anleiten bedeutet in erster Linie, dass Sie als Führungskraft dem entsprechenden Mitarbeiter die erforderlichen Hilfestellungen geben, die dieser zur Erfüllung seiner Aufgabe benötigt. Dabei spielt es keine Rolle, ob es um emotionale, mentale oder fachspezifische Hilfen geht.

Beim korrekten Anleiten sind gute Kommunikation und regelmäßiges Einholen von Feedback besonders wichtig. Wird dies gepflegt, so kann bei Notwendigkeit eingegriffen werden – sei es unterstützend oder auch korrigierend. Dies hat einerseits den Vorteil, dass das Ziel wie geplant erreicht wird, fördert andererseits den Lernprozess beim betroffenen Mitarbeiter. Gerade wenn ein ansonsten erfahrener Mitarbeiter eine für ihn neue Aufgabe übernehmen soll, ist es nicht ausreichend, lediglich die Rahmenbedingungen zu definieren und ihn dann seinem Schicksal zu überlassen.

Definieren Sie gemeinsam mit dem Mitarbeiter, auf welche Art und Weise das vorgegebene Ziel erreicht werden kann und welche notwendigen Maßnahmen hierfür gesetzt werden müssen. Stellen Sie fest, welche Unterstützung der Mitarbeiter für seine Aufgabe benötigt und sorgen Sie dafür, dass er diese auch erhält. Fixieren Sie sogenannte Meilensteine auf dem Weg zum Ziel. Erst wenn alle diese Hilfestellungen gesichert sind, können Sie sich wieder anderen Aufgaben zuwenden. Vergessen Sie nicht, auch stets nachzufragen, ob der Mitarbeiter mit seiner Aufgabe zurechtkommt, und stellen Sie im negativen Fall genau fest, wo das Problem liegt. Abhängig davon können Sie unterstützende oder rettende Maßnahmen einleiten. Sie helfen damit dem Mitarbeiter, zu lernen, wie er in der Zukunft auch selbst geeignete Lösungswege entwerfen kann.

Führung bedeutet, heute und in Zukunft gleichermaßen Chef und Coach für Ihre Mitarbeiter zu sein. Gleichzeitig behalten Sie Ihre Schlüsselaufgabe, Ihren Beitrag zum Erfolg des Unternehmens zu leisten, immer im Blick. Halten Sie sich stets vor Augen, dass Ihre Mitarbeiter aufgrund Ihrer Position als Führungskraft oftmals taktisch agieren werden. Schließlich sind Sie die Person, die über ihre zukünftige Karriere entscheidet. Zu groß ist die Angst, dass allzu große Offenheit dem beruflichen Weiterkommen schädlich sein kann. Hier dürfen Sie sich Vertrauen durch Authentizität erarbeiten.

Diese Überlegungen zum taktischen Agieren bilden automatisch eine Art Korsett, innerhalb dessen sich das Anleiten oder Coachen von Mitarbeitern bewegt. Die Tatsache, dass auch erfahrene Mitarbeiter durchaus Anleitungen benötigen, bedeutet, dass Sie als Führungskraft sich beispielsweise um fehlendes Fachwissen, mangelnde Soft Skills oder andere Art der Unterstützung kümmern müssen. In größeren Unternehmen werden diese Anforderungen von spezialisierten »Learning & Development«-Abteilungen betreut, kleinere und mittlere Unternehmen finden entsprechend kompetente Partner regional wie überregional in spezialisierten Unternehmen für Personalentwicklung und Personalberatung.

6.5 Vor- und Nachteile der flachen Hierarchie

Für Ihre Mitarbeiter ist das Konzept der flachen Hierarchie vielleicht verlockend. Zumeist wollen Arbeitnehmer keine einfachen Befehlsempfänger mehr sein. Doch was bedeutet die flache Hierarchie für Sie in der Praxis? Ist eine flache Hierarchie tatsächlich der Erfolgsgarant, der sie zu sein scheint?

Auf der einen Seite wird den Arbeitnehmern im Zuge einer flachen Hierarchie ein bedeutend größerer Handlungsspielraum gewährt. Dies geht jedoch Hand in Hand mit größerer Verantwortung, die die Mitarbeiter übernehmen müssen. Nicht jeder bringt das erforderliche Maß an Selbstorganisation mit. Hier kommt also jede Menge taktischer und psychologischer Arbeit auf Sie als Führungskraft zu.

Hand in Hand mit einer flachen Hierarchie gehen auch einige Veränderungen in Infrastruktur und Organisation, die ebenfalls in Ihren Verantwortungsbereich fallen. So muss etwa ein respektvoller und kollegialer Umgang gewährleistet werden. Auch die Gestaltung der Büroräume muss anders aussehen.

Nehmen wir das Beispiel des Mitarbeiters Resch, der in einem bekannten Großhandel im Lager beschäftigt ist. Mit dem Arbeitsumfeld ist er weitgehend unzufrieden.

In einer flachen Hierarchie spricht Herr Resch mit dem zuständigen Betriebsrat und bringt gleichzeitig Ideen, wie die Arbeitsbedingungen verbessert werden könnten. Der Betriebsrat konsultiert entsprechende Fachleute und teilt im Anschluss die Ergebnisse Herrn Resch mit.

In einer steilen Hierarchie hingegen wendet sich Herr Resch an seinen direkten Vorgesetzten, den Schichtleiter, und bringt seine Verbesserungsvorschläge zu Gehör. Der Schichtleiter wiederum geht mit der Beschwerde zum Lagerleiter, der das Anliegen an die Geschäftsführung weiterleitet. Die Geschäftsführung kann nach Absprache mit dem Vorstand des Unternehmens die Verbesserungsvorschläge von Herrn Resch bearbeiten. Auf dem langen Weg zur Spitze hat sich jedoch ein Stille-Post-Effekt eingeschlichen. Außerdem sind von der Beschwerde bis zur Verbesserung wertvolle Wochen verstrichen.

Was können Sie sich aus dieser Geschichte mitnehmen? Die flache Hierarchie bringt einige Vorteile mit sich, die sich direkt auf die Flexibilität und Effizienz Ihres Unternehmens auswirken. Kurze Entscheidungswege, höhere Reaktionsgeschwindigkeiten und direkte Kommunikation sind nur einige davon. Durch das häufige Fehlen eines mittleren Managements und das Aufteilen der Aufgaben an die Mitarbeiter werden Sie als Führungskraft deutlich entlastet. Die Mitarbeiter werden mit mehr Motivation bei der Sache sein, da die Arbeit im Endeffekt ihr »Baby« sein wird. Dies bringt ein deutlich besseres Betriebsklima mit sich – niemand muss mehr hinter dem Rücken der Chefs seinen Ärger mit den Kollegen teilen. Die Arbeitnehmer können sich in einer flachen Hierarchie auch um vieles mehr mit dem Unternehmen identifizieren, für das sie arbeiten.

Zu all diesen psychologischen und organisatorischen Faktoren gesellt sich die Tatsache, dass flache Hierarchien zumeist auch um einiges kostengünstiger ausfallen als konservative Strukturen. Doch wo liegen die Nachteile einer flachen Hierarchie?

Da in flachen Hierarchien meist die mittlere Führungsebene komplett fehlt, müssen Sie als Führungskraft eine Vielzahl an Personen leiten. Dies hat zur Folge, dass jeder mit seinen persönlichen Wehwehchen zu Ihnen kommen wird und Sie sich damit auseinandersetzen müssen. Aufgrund der wenigen Hierarchieebenen sind auch die Aufstiegschancen für die Mitarbeiter beschränkt. Wenn es gilt, eine Entscheidung zu treffen, sind oft langwierige Diskussionen an der Tagesordnung, da eine Vielzahl an Menschen daran beteiligt ist und schließlich ein gemeinsamer Nenner gefunden werden muss. Eine flache Hierarchie tendiert immer auch dazu, eine Ungleichverteilung der Aufgaben nach sich zu ziehen. All diese negativen Aspekte und Risiken müssen Sie in Ihrer Rolle als Chef abfangen und entsprechend gegensteuern.

Machen Sie betroffene Mitarbeiter beispielsweise rechtzeitig auf das zukünftige Fehlen von Aufstiegschancen aufmerksam und bieten Sie Ihnen entsprechende Alternativen im Bereich Verantwortlichkeiten. Sie riskieren ansonsten den Verlust der Mitarbeiter, die auf ein Hochklettern der Karriereleiter viel Wert legen. Koordinieren Sie die Aufgabenverteilung nach bestem Wissen und Gewissen. Wer hier Fehler macht, sorgt rasch für ein unangenehmes Betriebsklima und vorprogrammierte Konflikte.

Mag man dem einen oder anderen Experten Glauben schenken, so sind für große Unternehmen eher steile Hierarchien von Vorteil, während flache Hierarchien lediglich bei kleineren Firmen oder Start-ups funktionieren. Die beiden holländischen Sozialpsychologen Daan van Knippenberg und Henk Wille setzten sich bereits 2001 mit dem Verhältnis von Gruppen und Hierarchien auseinander. Sie fanden heraus, dass mit steigender Größe einer Gruppe der Ruf nach steilerer Hierarchie größer wird.

Unangebracht ist allerdings eine steile Hierarchie, wenn kompetente Mitarbeiter im Spiel sind. Deren Wunsch nach Individualismus und professioneller Identität ist meist ausgeprägt. Von Mitarbeitern mit großen Kompetenzen werden flache Hierarchien in der Regel als moderner und angebrachter wahrgenommen als konservative Führungsstile. Mag man gängiger Expertenmeinung Glauben schenken, so eignen sich flache Hierarchien also für kleine Unternehmen, NGOs oder Start-ups, während große Global Player kaum auf eine traditionell steile Hierarchie verzichten können. Ist das so korrekt? Es gibt auch zahlreiche Experten, die dieser landläufig verbreiteten Meinung widersprechen.

Letztere kommen zu dem Schluss, dass eine flache Hierarchie in jeder Form von Unternehmen funktioniert, wenn einige grundlegende Punkte erfüllt sind. In erster Linie bedarf es einer ausgeprägten Teamstruktur. Wird eine Firma von mehreren kleinen Teams getragen, ist sie wesentlich flexibler und schneller, als dies bei einer steilen Hierarchie der Fall wäre.

Besonders bei Unternehmen, deren Produkte oder Dienstleistungen auf Innovationen basieren, ist eine flache Hierarchie ebenfalls von Vorteil. Zahlreiche Studien belegen, dass Mitarbeiter, die in Unternehmen mit flachen Hierarchien angestellt sind, um einiges kreativer und erfindungsreicher arbeiten als ihre Kollegen in steilen Hierarchien.

Damit eine flache Hierarchie auch in einem großen Unternehmen gut funktioniert, darf auf keinen Fall die passende Unternehmensvision fehlen. Das Erreichen eines gemeinsamen Ziels motiviert die Mitarbeiter in der Art und Weise, dass eine flache Hierarchie förderlich wird.

Eine flache Hierarchie muss nicht zwangsläufig bedeuten, dass im Unternehmen nicht doch ein rigoroser Führungsstil vorherrscht. Lediglich die bürokratischen Wege sind unkomplizierter und kürzer. Langwierige Befehlsketten werden ausgemustert und ein schlankes Organigramm angewendet.

Die Verschlankung der bisherigen Hierarchie bedeutet für Sie nicht, dass Ihr Unternehmen in ein Chaos fallen wird. Natürlich müssen Sie damit rechnen, dass es etwas Zeit in Anspruch nehmen wird, bis sich die neuen Zuständigkeiten und Strukturen eingespielt haben. Einige wunde Punkte einer flachen Hierarchie müssen dabei gut durchdacht werden, damit sie nicht zu Problemen oder Pattsituationen führen. Sie als Führungskraft müssen dabei Unruhen entgegenwirken und Konfliktmanagement betreiben. Falls Sie für sich selbst alle Ziele und Visionen, Fehler und Stärken mittels Selbstreflexion grundlegend aufgearbeitet haben, sollte dies auch kein Problem mehr darstellen. Wenn Sie allerdings den Grundsatz *You go first* nicht wirklich wahrgenommen haben, kann dies ein Scheitern Ihrer Absichten nach sich ziehen.

Im Prinzip würde in letzterem Fall alles beim Alten bleiben – mit dem feinen Unterschied, dass nun eine merklich chaotischere Organisation im Unternehmen entstehen könnte. Ihre Aufgabe wird es immer sein, all dies zu koordinieren, das Schiff geschickt durch die Wasser des Marktes zu lenken und dabei immer das Unternehmensziel vor Augen zu haben.

6.6 Unterstützen von Eigeninitiative und Selbstständigkeit

Um den korrekten Umgang mit Eigeninitiative und Selbstständigkeit genauer zu untersuchen, machen wir erst eine Reise in die Kindheit jedes Menschen. So wie Eltern ihre Kinder in ihrer Selbstständigkeit fördern, so können Sie als Führungskraft dies auch mit ihren Mitarbeitern tun.

Bereits im Kindesalter werden unsere Weichen zu einer späteren Selbstständigkeit gestellt. Basierend auf dem sogenannten Urvertrauen müssen sich bereits die Allerkleinsten sicher sein, dass sie auch dann geliebt werden, wenn sie Fehler machen und Misserfolge bringen. Für Eltern besteht die Schwierigkeit darin, die Kleinen, ohne allzu große Eingriffe, alleine ihren Weg gehen zu lassen. Eltern gelingt es, mittels einiger weniger Punkte, ihrem Kind die Fähigkeit, allein gute Entscheidungen zu treffen, mit auf den Weg zu geben.

Eine Grundvoraussetzung der Förderung zur Selbstständigkeit ist zuallererst das Schaffen von ausreichend Freiräumen. Natürlich machen sich Eltern Sorgen, dass dem Kind etwas Unangenehmes widerfahren könnte. Natürlich machen Sie als Führungskraft sich Sorgen, dass die Entscheidungen des Mitarbeiters fatale Folgen für Ihr Unternehmen haben könnten. Die Entscheidung zum Gewähren von mehr Freiraum sollte also in jedem Fall ganz bewusst und durch gutes Beobachten gefällt werden. Wichtig ist an dieser Stelle, dass die positive Entwicklung des Potenzials nur über Vertrauen und Freiraum funktioniert. Diese Komponente ist gleichzeitig die Motivation für den Mitarbeiter, in die neuen Schuhe hineinzuwachsen. Und um im Bild zu bleiben: Ich habe in verschiedenen Unternehmen die besten Erfahrungen gemacht, wenn Mitarbeiter neue Schuhe bekamen, die eine Nummer zu groß waren. Sobald sie hineingewachsen waren, zahlte sich das Ergebnis in gewachsenem Selbstvertrauen (und natürlich Fremdvertrauen) aus und ein neues Paar Schuhe durfte her. In gewissen Fällen war es sogar erfolgreich möglich, einem Mitarbeiter noch größere Schuhe zu geben – hier ist dann eine wirklich hervorragende und erfahrene Führungskraft als Coach und Anleiter gefragt, die im Notfall den Mitarbeiter sicher auffangen kann.

Ihr Mitarbeiter wartet mit einer Idee auf? Anstatt hier gleich gegenzusteuern oder sich beleidigt zu fühlen, sollten Sie sämtliche Verbesserungs- oder Lösungsvorschläge ernst nehmen. Besprechen Sie mit der entsprechenden Person, wie der Vorschlag realisiert werden könnte, und fördern Sie damit gleichzeitig die Stärkung des Selbstbewusstseins Ihrer Arbeitnehmer.

Immer wieder werden Menschen mit ihrer eigenen Art und Weise, mit Problemen umzugehen, in Ihr Unternehmensbild kommen. Geben Sie den Menschen Raum, mit ihren unterschiedlichen Lösungsansätzen zu experimentieren – selbst wenn diese nicht immer den gewünschten Erfolg zeigen. Lassen Sie sie dabei ihre eigenen Entscheidungen treffen und nehmen Sie ihnen nicht alles ab, von dem Sie glauben, es selbst besser zu können.

Auch das soziale Zusammenleben benötigt eine gehörige Portion an Selbstständigkeit und Eigeninitiative. Mitarbeiter oder Teammitglieder sollten Konflikte zunächst konstruktiv untereinander lösen. Greifen Sie erst dann ein, wenn es tatsächlich nicht mehr allein für die Gruppe machbar ist.

Übertragen Sie Ihren Teammitgliedern Verantwortung, stellen Sie ihnen die Zeit zur Verfügung, die sie benötigen, schaffen Sie ab und an Erfolgserlebnisse und – loben Sie.

Immer wieder wird betont, dass Menschen mit Eigeninitiative gute Berufschancen haben. Schließlich wünscht sich jedes Unternehmen Mitarbeiter mit guten Ideen und einer *Hands-on*-Mentalität. Fehlende Eigeninitiative wird meist negativ bemängelt. Mitarbeiter sollen schließlich proaktiv und eigenverantwortlich handeln, und dabei auch mögliche Risiken stets im Auge behalten. Doch wie wird in der Praxis damit umgegangen? Was genau wird als Eigeninitiative bezeichnet?

Es geht hier um nichts anderes, als dass Mitarbeiter Handlungen aus eigenem Antrieb heraussetzen, ohne dass sie dafür von außen einen Auftrag oder Befehl erhalten. Wer selbstmotiviert handelt, ist in keinem Fall fremdgesteuert und ist gleichzeitig bereit, mehr Verantwortung zu tragen.

Im Berufsleben verhält es sich meist so, dass Arbeitnehmer mit ihrer Eigeninitiative auf einen fest abgesteckten Bereich limitiert sind. Innerhalb dieses Bereichs wird durchaus erwartet, dass nicht jedem einzelnen Teammitglied ständig gesagt werden muss, was es zu tun hat. Die Eigeninitiative im beruflichen Umfeld lässt sich in mehrere Teilbereiche aufgliedern.

Der bequemste Weg ist es sicherlich, auf Nummer sicher zu gehen und immer genau das zu tun, was von der Führungskraft in einem detaillierten Briefing vorgegeben wurde. Hier können sich keine Fehler einschleichen, allerdings wird für den Mitarbeiter, der lediglich Dienst nach Vorschrift schiebt, Erfolgserlebnisse und Motivation ausbleiben. Wenn ein Mitarbeiter also mit jeder noch so kleinen Kundenanfrage wartet, bis eine entsprechende Antwort vom Chef vorgegeben wird, kann von Eigeninitiative keine Rede sein. Ermutigen Sie Ihre Mitarbeiter, selbst die Zügel in die Hand zu nehmen und zeigen Sie Ihnen, dass auch mögliche Fehler bei solchem Handeln nicht unbedingt fatal sind.

Mitarbeiter, die sich stets zu Wort melden, benötigen hier eventuell weniger Unterstützung als solche, die in jedem Meeting nur schweigend dasitzen und sich Notizen machen. Ermutigen Sie gerade solche Menschen, Ihre Meinung kundzutun und auf diese Weise die Diskussion mitzugestalten.

Bestehen Sie auf regelmäßiges Feedback zu den verschiedenen Projekten, sei es in Form von Scrum-Reviews oder anderen Kommunikationen und finden Sie gemeinsam mit den Arbeitnehmern Lösungsvorschläge. Stehen Sie Projektvorschlägen seitens der Mitarbeiter stets offen gegenüber.

Natürlich können Sie Ihren Mitarbeitern nicht einfach vorschreiben, Eigeninitiative mitzubringen. Es gilt einige Rahmenbedingungen zu schaffen, um ein solches Einbringen persönlicher Fähigkeiten zu fördern.

6.6.1 Mitarbeiter sollen Einfluss nehmen

Eigeninitiative kann nur dann entstehen, wenn die Menschen in Ihrem Unternehmen auch das Gefühl haben, das tägliche Leben in der Firma mit beeinflussen zu können. Schaffen Sie also entsprechende Handlungsfreiräume und sorgen Sie für ausreichend Möglichkeiten, dass Ihre Mitarbeiter das Geschehen mitbestimmen können. Sorgen Sie dafür, dass Menschen mit weniger Selbstbewusstsein lernen, dieses Mitspracherecht auch tatsächlich zu nutzen.

Nehmen Sie den Kollegen die Angst vor Verantwortung. Sie als Chef tragen die Verantwortung und stehen authentisch hinter Ihren Mitarbeitern, sollte ein Projekt schief gehen – ganz egal, bei wem der Fehler ursprünglich lag. Nur wenn Menschen keine Angst vor möglichem Scheitern haben, werden Sie auch genügend Eigeninitiative mitbringen können.

Geben Sie Mitarbeitern neben dem ausreichenden Raum für Handlungsfreiheit auch regelmäßiges Feedback. Nur so können diese feststellen, dass ihre Eigeninitiative auch positiv aufgenommen wird. Lernen Sie, die richtigen Motivationsfaktoren bei Ihren Mitarbeitern herauszufinden. Dies wird Ihnen nur dann gelingen, wenn Sie durch ausreichend Selbstreflexion Ihre eigenen Ziele und Motivationsfaktoren erkannt haben.

Menschen mit Eigeninitiative sind im Grunde genommen leicht erkennbar. Sie denken mit. Schaffen Sie für solche Mitarbeiter einen passenden Rahmen als Orientierung und überlassen Sie das Ausfüllen dieses Rahmens ihnen. Dies wird im Fall von ausreichend Selbstvertrauen und Motivation fast immer positiv ausgehen. Es ist dabei ausreichend, dass die Mitarbeiter sich dessen bewusst sind, tatsächlich Einfluss auf das Ergebnis der Arbeit zu haben und sich diese Einflussnahme auch zutrauen.

Wer sich selbst genau kennt und die Kunst der Selbstreflexion beherrscht, wird auch damit zurechtkommen, andere einschätzen zu lernen. Beobachten Sie bei Ihren Mitarbeitern neben deren persönlichen Eigenschaften, wie etwa Risikobereitschaft oder Fokussierung auf Handlungen, auch deren Kompetenzen und Verhalten innerhalb der eigenen Arbeitssituation.

Vergessen Sie dabei in keinem Fall, stets selbst mit gutem Beispiel voranzugehen. Finden Sie im Anschluss daran die Balance, Mitarbeiter mit Hang zu Eigeninitiative weder zu sehr zu bremsen noch Anarchie walten zu lassen.

6.7 Wie macht Selbstführung erfolgreich?

Nur, wer sich selbst führen kann, ist auch in der Lage, andere Menschen zu führen. Diese These vertrete ich schon seit langer Zeit, entstanden ist sie aus meiner eigenen Entwicklung als Führungskraft und aus der Beobachtung vieler Kollegen in den letzten Jahren. Die Frage lautet: Wie kann eine Führungskraft von ihren Mitarbeitern Veränderungen im Verhalten erwarten und verlangen, wenn sie selbst dazu nicht in der Lage ist? Wie kann ich sie richtig coachen und anleiten, wenn sie selbst diese Fähigkeit nicht erlangt hat? Sich selbst führen zu können ist keine angeborene Gabe, sondern eine Fähigkeit, die erlernbar ist.

Wie wir gesehen haben, hat Führung nichts (mehr) mit Drill, Machtausübung, Befehlsgewalt oder Hörigkeit zu tun. Führung ist die ›Kunst‹, andere Menschen nicht nur freiwillig, sondern bereitwillig zu einem gemeinsamen Ziel zu führen.

Führungserfolg im Zuge von Arbeit 4.0 wird ohne die Fähigkeit sich selbst führen zu können ausbleiben. Ausnahmsweise ist sich in dieser Frage auch die Fachwelt einig. Für Führungskräfte ist diese Fähigkeit der Schlüssel, um eine Vorbildfunktion im

Unternehmen einzunehmen – um voranzugehen. Kennen Sie nicht vielleicht auch den einen oder anderen Arzt, der Ihnen gesagt hat, sie sollten besser aufhören zu rauchen und den Sie später einmal zufällig haben selbst rauchen sehen? Oder den Bundestrainer, der heimlich im Stadion hinter einer Wand rauchend verschwindet? Mir geht es hier nicht um das Thema Rauchen oder darum, ob es gut oder schlecht ist. Mir geht es einzig um die eigene Entscheidung für ein Ziel: Der Arzt (Vorbildfunktion) gibt den Rat, mit dem Rauchen aufzuhören, weil er es selbst für nicht empfehlenswert hält, und wird dabei beobachtet, wie er – auch vielleicht mit schlechtem Gewissen – in der kurzen Pause nach dem Gespräch eine Zigarette raucht. Welche Wirkung hat das auf den Beobachter? Verändert dieser nun leichter sein Verhalten oder verstärkt es sogar eher noch sein bisheriges?

Zum Erreichen einer guten Selbstführung seien Ihnen drei zu lösende Dimensionen ans Herz gelegt. Einerseits geht es darum, mittels Selbstreflexion, Zielsetzung und Belohnung die eigenen Verhaltensmuster aufzubrechen und auch bei der Erledigung von unangenehmen Aufgaben Erfolge zu erzielen.

Eine weitere Dimension beschäftigt sich mit Aufgaben, die für eine bestimmte Person eine Belohnung darstellen. Es geht hier nicht um klassische Belohnungen, wie etwa Dienstwagen oder Bonuszahlungen. Finden Sie heraus, welche Tätigkeiten Ihre Mitarbeiter gerne erledigen!

Als letzte Dimension machen Sie negative Gedankenmuster ausfindig und ersetzen diese mehr und mehr durch positive. Dieser Vorgang bedarf kontinuierlicher Übung und Konsequenz. Nur damit wird effektive Leistung erzielt. Lernen Sie also in erster Linie, die Kraft der eigenen Gedanken zielgerichtet einzusetzen. Verändern Sie Ihr Denken und bewerten Sie Ihre eigenen Sichtweisen gezielt.

In vielen Fällen wird von Verantwortlichen in den Personalbüros oder im Management viel zu spät erkannt, wie wichtig die Fähigkeit zur Selbstführung ist. Ist man erst einmal im Strudel des Führungsalltags gefangen, fehlt meist auch die Zeit zur Entwicklung der eigenen Fähigkeiten. In der Folge macht sich ein Gefühl von Stress und Unzufriedenheit breit, das sich dann natürlich auch im privaten Alltag niederschlägt.

Treffend hat Peter Drucker, der Vorreiter der Managementlehre, bereits in den 1960er-Jahren die Behauptung aufgestellt, dass eine Führungskraft nur eine einzige Person zu führen habe – nämlich sich selbst. Diese Tatsache wird nur von den wenigsten Führungskräften richtig interpretiert. Nach wie vor werden Führungsqualitäten daran gemessen, wie gut mit Arbeitnehmern umgegangen werden kann. Auch wenn Letzteres ebenfalls zu einer erfolgreichen Führungskraft gehört, so steht dennoch die Persönlichkeit der Führungskraft selbst im Fokus.

6.7.1 Selbsterkenntnis ist der beste Weg zur Besserung

In Ihrer Position werden Sie rasch feststellen, dass Ihre komplette Persönlichkeit im Rampenlicht steht und ein umfassender Einsatz gefordert wird. Die von Ihnen vertretenen Werte müssen überzeugen und mitreißen und als Orientierungshilfe für Ihre Mitarbeiter dienen. Zu Ihren Aufgaben gehört es, Werte zu vermitteln und so den Zusammenhalt der Belegschaft zu sichern. Neben den bereits besprochenen Werten sind auch die beiden Erfolgsfaktoren Ziel und Mission wichtig.

Der Weg zur Selbstführung führt über die Selbstkenntnis. Sie müssen Ihre eigenen Stärken und Schwächen kennen und wissen, wie Sie mit ihnen umgehen können. Kennen Sie sich selbst nicht gut genug, so werden Sie in regelmäßigen Abständen unberechenbare Verhaltensweisen aufzeigen, die sich vor allem in Stresssituationen bemerkbar machen. Holen Sie sich auf dem Weg zur Selbstreflexion immer wieder Feedback. Nur wenn Sie Ihre Ecken und Kanten kennen, können Sie bei aufkommenden negativen Verhaltensweisen rechtzeitig gegensteuern.

6.8 Verantwortung und Selbstführung

Ihren Erfolg gestalten Sie außerdem durch das bereitwillige Übernehmen von Verantwortung. Sehen Sie davon ab, Ihre Mitmenschen für alles, was Ihnen widerfährt, verantwortlich zu machen. Nur allzu einfach würden Sie auf diese Weise in eine Opferrolle abgedrängt werden.

Sie können bei genügend Selbstkenntnis Ihre Emotionen beeinflussen und so besonders negative Stimmungen abschwächen. Regulieren Sie diese und erhalten Sie so einen ganz anderen Handlungsspielraum.

Selbstführung bedeutet nichts anderes als seine eigenen Emotionen auf solche Art und Weise zu kontrollieren, dass die eigene Handlungsfähigkeit immer gewährleistet ist. In einem entspannten Zustand treffen Sie bessere Entscheidungen als in einem Gefühl von Befürchtung und Angst. Dies liegt daran, dass Sie im Gefühl von z. B. Sorge oder Angst weniger Handlungsoptionen sehen als im Gefühl von Entspannung oder Glück. Es ist also eine gute Idee, in einer bedrohlichen Situation möglichst schnell in ein besseres Gefühl wechseln zu können, um einfach eine bessere Entscheidung zu treffen. Das, was sich an dieser Stelle für Sie vielleicht utopisch anhört, ist eine erlernbare Fähigkeit, die Sie in jedem Fall erfolgreicher macht. Unternehmer, CEOs, Führungskräfte, die diese Fähigkeit gelernt haben, berichten, dass dies der Schlüssel für erfolgreichere Führung ist.

Denken Sie kurz an Chesley B. Sullenberger, der vor einigen Jahren einen Airbus A320 erfolgreich im Hudson River gewassert hat. Routine hatte er zwar als Pilot, nicht aber im Notlanden eines Jets nach Ausfall beider Triebwerke. Beide Triebwerke fallen kurz nach dem Start während des Aufstiegs vollständig aus, der Schub ist weg, der Boden recht nah, die Zeit extrem begrenzt. Notwasserungen sind bisher erfahrungsgemäß immer schief gegangen. Der Mut und die Zuversicht, den Hudson River als Landebahn auszuwählen, kamen allein aus der Vorstellungskraft: Sullenberg hatte das erfolgreiche Ergebnis vor Augen, bevor er zur Landung ansetzte. Diese Fähigkeit haben auch Sie bisher schon immer – vielleicht eher unbewusst – genutzt, um Ihre Ziele zu erreichen. Jetzt wissen Sie, warum manche Menschen Sie verwundert gefragt haben, wie Sie dieses oder jenes geschafft haben. Ja, auch Sie haben schon große Ziele mit Leichtigkeit erreicht, weil Sie sich in einem Zeitraum zuvor mit einem guten Gefühl bereits im Ziel gesehen haben. Denken Sie an das eine oder andere sportliche Event, das Sie gemeistert haben. Wie oft habe Sie sich vorher schon jubelnd im Ziel gesehen?

Shit happens: Kunden kündigen Projekte und Aufträge, der Hagel zerschlägt die Ernte, die Coronavirus-Pandemie legt größte Teile des gesellschaftlichen Lebens lahm. Die Angst fragt: Wie komme ich da lebend wieder heraus und hat Bilder des Scheiterns vor sich. Das macht wirklich Angst! Machen Sie sich klar: Egal, was passiert, im Moment lebe ich. Ich atme, ich habe Augen zum Sehen, Hände zum Handeln, eine Stimme zum Sprechen und Vieles mehr. Wo will ich hin? Was tut mir gut? Was ist mein tatsächliches Ziel im Leben? Welche Werte sind mir besonders wichtig? Oftmals ist ein Hagel oder ein Virus auch etwas Bereinigendes, etwas, das von außen die Möglichkeit gibt, innezuhalten und neue Ziele oder Visionen zu finden.

Um sich erfolgreich sich selbst führen zu lernen, dürfen Sie ein Meister darin werden, Ihre Emotionen zielgerichtet zu steuern. Beantworten Sie für sich selbst einige Fragen:

Haben Sie das Gefühl, Ihren eigenen Zielen zu folgen? Verfolgen Sie Ihre Ziele mit Konsequenz und Methode? Schieben Sie unangenehme Dinge gerne auf die lange Bank oder nehmen Sie sie sofort in Angriff? Kommen Sie auch unter Stress gut mit Ihren Zielen zurecht?

Sie kennen es sicher, dass Ihnen selbst schwierigste Dinge besonders gut gelingen, wenn Sie bester Laune sind. Gelangen Sie dann so richtig in Schwung, sollten Sie den Zustand stets nutzen, um auch knifflige Aufgaben mit Bravour zu absolvieren.

Sorgen Sie in Ihrem Unternehmen – gerade in Krisenzeiten – gezielt für Freude und Spaß und verknüpfen Sie diese mit einer Wertschätzungskultur. Loben Sie Ihre Mitarbeiter, verschenken Sie großzügig Anerkennung, lassen Sie Ihre Mitarbeiter an sich selbst glauben und stärken Sie so ihr Selbstbewusstsein. Als Führungskraft stehen Sie wie der Coach an der Seitenlinie, Tore schießen oder verhindern können nur Ihre Mitarbeiter – und wenn diese ein breites Kreuz haben und wissen, dass die Führung immer hinter ihnen steht, gelingt dies umso besser.

Zu guter Letzt steht Ihnen auf dem Weg zur Selbstführung noch das Thema Stressbewältigung ins Haus. Ein gewisses Maß an Stress ist normalerweise mit positiven Reaktionen verbunden und erleichtert auch den Zugang zum eigenen Innern. Gute Laune in Kombination mit einer gesunden Portion Stress treibt den Organismus zu Höchstleistungen an und sollte unbedingt mit einer Erholungsphase abgewechselt werden. Bleiben solche Erholungsphasen aus, stellt sich ein Dauerstresszustand ein.

Um Stress zu reduzieren, können Sie ganz einfach mehrmals im Laufe des Tages ganz bewusst in sich selbst hineinhören und sich auf die Tätigkeit konzentrieren, die Sie gerade ausführen. Fortgeschrittene Führungskräfte entdecken auf diesem Weg neue Methoden für sich, sei es Meditation, Yoga oder jegliche andere Form der persönlichen Entspannung. Sehen Sie Misserfolge ebenfalls als wichtige Elemente auf dem Weg zur Selbstkenntnis. Misserfolge sind wesentlich, um erfolgreich zu sein. Wer sich bewegt, kann auch mal fallen. Liegenbleiben ist das Problem! Flüchten Sie sich keinesfalls in Perfektionismus, welcher ein zusätzlicher Stressfaktor für Sie sein könnte. Misserfolge sind wichtige Erfahrungen, die Ihnen beim nächsten Mal helfen werden, das Richtige zu tun.

7 Kommunikation

Ohne Technologie ist die im New Work notwendige Kommunikation nahezu undenkbar. Wenn flexibel gearbeitet werden soll und das unternehmerische Ökosystem gepflegt werden muss, wird moderne Informationstechnik zum A und O eines jeden agil arbeitenden Unternehmens. Seien es Intranetplattformen oder Messenger-Systeme – die neuen Kommunikationsformen boomen und bilden innovative Zusammenarbeitsprozesse. Informationen können ganz einfach ausgetauscht werden, ganz egal wo sich der Mitarbeiter gerade befindet.

Neben dem Einsatz von moderner Technologie spielt natürlich der Faktor Mensch die bedeutendste Rolle. Ihre Aufgabe dabei ist es, die neuen Lösungen durch einige Regeln und Punkte ideal für Ihre Mitarbeiter auszuwählen. Sehen Sie zuerst, welche Bedürfnisse Ihre Mitarbeiter für eine effektive Kommunikation haben, und wählen Sie danach gemeinsam mit den Betroffenen die geeigneten Anwendungen. Mittels begleitenden Changemanagements starten alle gut informiert in die neue Kommunikation. Zu guter Letzt implementieren Sie noch einfache und schnell zu lernende Spielregeln.

Seit vor einem halben Jahrhundert in Boston die erste E-Mail durch das Netz geschickt wurde, hat sich in puncto Kommunikation einiges getan. E-Mails haben im privaten Bereich fast keine Funktion mehr und wurden weitgehend von verschiedenen Messenger-Systemen verdrängt. Im beruflichen Umfeld hingegen haben E-Mails auch im Zuge von New Work immer noch ihre Berechtigung.

Eigentlich sprechen jede Menge Faktoren gegen den Einsatz von altertümlichen E-Mails. So sind E-Mail-Postfächer etwa ein begehrtes Ziel von Hackerangriffen oder füllen sich gerne mit Spam. E-Mails wirken meist deutlich starrer als Messenger-Nachrichten mit lustigen Emojis und kollegialem Umgangston. Immer wieder wird auch kritisiert, dass die Verwendung von E-Mails einen nicht unbedeutenden Zeitverlust mit sich bringt. Lange Nachrichtenverläufe und ungeordnete Postfächer erschweren die Suche nach der gewünschten Information und besetzen wertvolle Arbeitszeit. Auch Sicherheitsaspekte sind Ziel häufiger Kritik.

Natürlich wird die E-Mail so schnell nicht aussterben – allerdings werden immer mehr einfache und flexible Kommunikationsmöglichkeiten, wie etwa Messenger verwendet.

7.1 Digitale Ökosysteme – Netzwerke gewinnen

Sie möchten also Ihr Unternehmen auf Wachstumskurs bringen? Vielleicht haben Sie sich überlegt, das zu tun, was Sie ohnehin immer tun, nur eben jedes Jahr ein bisschen besser? Oder Sie fusionieren und übernehmen, um so zu wachsen? Am meisten Erfolg werden Sie angesichts des sich stetig verändernden Marktes allerdings mit der dritten Methode haben, dem Digital Ecosystem Management.

Dabei geht es darum, dass Sie Ihr eigenes digitales Ökosystem erschaffen, mittels dessen Sie mit unterschiedlichstem Wissen vieler Menschen für ausnehmend schnelles Wachstum sorgen können. Doch wie funktioniert das genau?

Sie als Unternehmer müssen in erster Linie in der Lage sein, ein Netzwerk aus Partnern, Kunden, Mitarbeitern und anderen Beteiligten zu erstellen und zu verwalten. Keine Angst sollten Sie davor haben, das Schicksal des eigenen Unternehmens in viele unterschiedliche Hände zu geben. Wann immer Sie von Zweifeln befallen werden, können Sie sich getrost die großen Global Player ansehen, die mit ihrem digitalen Ökosystem bereits erfolgreich unterwegs sind.

Pioniere im Bereich der digitalen Ökosysteme waren sicherlich Unternehmen, die aus der Technologiebranche stammen. Das bedeutet allerdings nicht, dass auch Firmen aus ganz anderen Branchen mit diesem Modell erfolgreich sind. Die korrekte Frage, die Sie sich als Unternehmer stellen sollten, ist also nicht, ob Sie überhaupt in ein Ökosystem investieren sollten, sondern auf welche Art von Ökosystem Sie bauen wollen.

Halten Sie sich dann stets vor Augen, dass das Internet der Dinge stets auf dem Vormarsch ist und Sie keine Zeit zu verlieren haben, wenn es darum geht, Ihr digitales Ökosystem aufzubauen.

7.2 Von der Value Chain zum Value Netzwerk

Vergessen Sie getrost den linearen Charakter der bisherigen Value Chains und konzentrieren Sie sich auf branchenübergreifende Netzwerke. Für Sie als Führungskraft gilt es nun, innovative Strategien zur Wertschöpfung zu finden. Sollten Sie noch auf der Suche nach neuen Lösungsansätzen sein, sehen Sie sich guten Gewissens bei den Vorreitern um, die diese bereits umgesetzt haben. Solche Unternehmen haben bereits den Schwerpunkt darauf gelegt, dass ihr Umfeld eine wertvolle Ressource ist und die entsprechende Wertschöpfung durch ein funktionierendes Netzwerk geschaffen wird.

Vergessen Sie bei der Erstellung Ihres eigenen Value Networks die Chefposition und geben Sie Verantwortung ab. Sämtliche Stakeholder wie Kunden, Lieferanten und andere Beteiligte tragen einen Teil der großen Verantwortungslast. Sie als Führungskraft müssen die Beteiligten lediglich intelligent und passend auswählen, um hier ein gutes Networking zu garantieren, das auch auf die Dauer funktionieren kann. Sie als Unternehmenszentrale sind dabei die Schnittstelle für alle Beteiligten.

Das Netzwerk sollte dabei als Gesamtes kundenorientiert funktionieren und sich um den Kunden herum spinnen. Ein gewisses Eigenleben des Netzwerks wird sich dabei nicht vermeiden lassen und wird sich über alle Geschäftsbereiche ausbreiten. Vergessen Sie nicht, dass immer mehr Entscheidungen vom Kunden gesteuert werden und über Erfolg oder Nichterfolg eines Unternehmens entscheiden. Kunden haben heutzutage mehr Macht als je zuvor. Meinungen und Ansichten werden leicht und unbürokratisch über diverse soziale Kanäle einem breiten Publikum präsentiert. Entsprechende Vorkehrungen und Wandlungsprozesse können hier zum Erfolg bei den Kunden führen. Vertrauen und Wertschöpfung stehen im Vordergrund, wenn es um Kundenbeziehungen geht. Sie sollten sich auf die Suche nach einem guten Dialog mit allen Stakeholdern machen und dafür sorgen, dass auf Ihren Plattformen ein verantwortlicher Umgang mit Daten stattfindet und diese dadurch Mehrwert erfahren. Eine flexible Netzwerkstruktur sowie eine offene Herangehensweise sind dabei das A und O für den Erfolg.

7.2.1 Vertrauen schaffen und Mehrwert bieten

Um bei allen Beteiligten Ihres digitalen Ökosystems ausreichend Vertrauen zu schaffen, ist es wichtig, dass Sie selbst ein völlig neues Verständnis von Zusammenarbeit erlangen. Nur wenn Sie selbst vom linearen Denken abschweifen, wird es Ihnen gelingen, den Teamgedanken auf alle Stakeholder Ihres Netzwerks zu übertragen. Denken Sie stets daran, dass die Kultur der Innovation an erster Stelle stehen sollte, um flexibel und agil agieren zu können und eine verbraucherorientierte Lieferkette zu bilden.

7.2.2 Die Verbindung wirtschaftlicher und technologischer Ökosysteme

Dass Plattformen wie Amazon, Airbnb oder Flixbus gut funktionieren, steht außer Frage. Doch was haben diese Plattformen anderen Unternehmen voraus und wie schaffen sie es, die Zusammenarbeit zwischen Händlern, Logistikern und Zahlungsanbietern so gut zu koordinieren?

In erster Linie sollten Sie wissen, dass es zwei Kriterien sind, die hier den Ausschlag geben. Auf der einen Seite benötigen Sie für ein solch funktionierendes Netzwerk die digitale Infrastruktur, die Prozesse automatisiert verarbeitet und sie miteinander vernetzt. Auf der anderen Seite steht intelligente Software, die die Masse an Daten perfekt verwaltet und analysiert. Werden diese beiden Faktoren addiert, so stehen Sie vor einem funktionierenden digitalen Ökosystem.

Die Idee der umfassenden technischen Vernetzung ist an sich nicht neu. James F. Moore zeigte schon im Jahr 1993 in der Harvard Business Review[12] auf, dass eine unternehmerische Glasglocke keiner Firma guttut. Ausschlaggebend sei die Zusammenarbeit zwischen Lieferanten und Kunden innerhalb eines produktiven Netzwerks. Umfangreiches Vernetzen ist seither in seiner Relevanz nur gestiegen.

Doch nicht viele Unternehmen haben es bisher geschafft, auf diesen digitalen Zug aufzuspringen. Es sind zwar bereits beinahe zwei Drittel der deutschen Unternehmen in Ökosystemen aktiv, erreichen allerdings die dadurch angestrebte Wachstumsrate nur in kleinen Teilen. Diese Tatsache sagt uns, dass Unternehmer die angebotenen Netzwerke zwar nutzen und deren Bedeutung erkennen, die eigenen Geschäftsmodelle allerdings nicht an die neuen Gegebenheiten anpassen. Kundenwünsche werden nach wie vor nicht flexibel genug erfüllt und alte starre Lieferketten werden weiterhin aufrechterhalten.

Wenn Sie als Unternehmer auf den Zug der Digitalisierung aufspringen wollen, werden auch Sie früher oder später auf eine Vielzahl an Plattformen stoßen, die allesamt in sich erstaunlich geschlossene Systeme sind, was der Idee des digitalen Ökosystems an sich widerspricht. Achten Sie hier unbedingt darauf, dass Ihr Ökosystem

12 Moore, James, Predators and Prey: A New Ecology of Competition, Harvard Business Review, https://hbr.org/1993/05/predators-and-prey-a-new-ecology-of-competition, abgerufen am 29.03.2020.

wie ein Kreislauf funktioniert und so allen daran beteiligten Stakeholdern Vorteile bringt. Ihnen darf es nun gelingen, dem Trend zur Plattform-Ökonomie zu folgen und Ihre strategischen Entscheidungen so zu treffen, wie Sie selbst sich es wünschen und vorstellen.

7.3 Digitale Ökosysteme und die neue Führungskultur

Digitale Technologien verändern unsere Art zu arbeiten von Grund auf. Gerade im Zuge der wirtschaftlichen und digitalen Netzwerke ist eine komplette Transformation der Unternehmen gefragt. Dieses Umdenken erfordert natürlich auch eine Neuausrichtung der traditionellen Führungskultur, um erfolgreich funktionieren zu können. *Digital Leadership* ist jetzt gefragt. Doch warum ist es unmöglich, dass eine klassische Führungsstruktur in einem digitalen Ökosystem funktioniert?

Die Antwort auf diese Frage ist schnell klar: Digitalisierung krempelt die Ausgangsbasis von Grund auf um. Kommunikative Barrieren zwischen Hierarchien, Standorten oder Abteilungen werden komplett aufgebrochen. Technologie verbindet und Informationen sind kein Privileg mehr, sondern werden breit gestreut. Auch feste Zuständigkeitsbereiche, wie wir sie bislang gewohnt waren, sind in einer digitalen Arbeitswelt eher hinderlich. Dafür rutscht das Konzept der Teamarbeit ebenso an erste Stelle, wie die Vernetzung unterschiedlicher Unternehmensbereiche. Digitalisiert werden stets gesamte Prozesse, niemals aber einzelne Aufgabenbereiche.

Damit Sie als Führungspersönlichkeit diesen neuen Anforderungen gerecht werden, glauben Sie an den gemeinsamen Erfolg. Vergessen Sie es, die Lorbeeren nur für sich einheimsen zu wollen. Fördern und vertrauen Sie Ihren Mitarbeitern und unterstützen Sie Flexibilität und Kooperation. Kommunizieren Sie klar gemeinsame Ziele und stellen Sie sicher, dass alle Beteiligten in diese eine Richtung agieren. Fördern Sie interkulturelle und interdisziplinäre Arbeitsgruppen, um flexiblere und bessere Lösungen für komplexe Probleme zu erhalten. Stellen Sie vor allem sicher, dass kurzfristig und flexibel auf sich ändernde Rahmenbedingungen reagiert werden kann, und schaffen Sie dementsprechende Visionen.

7.3.1 Keine Furcht vor Veränderungen

Um eine agile Führungskraft zu sein, stellen Sie Ihr eigenes Denken und Handeln immer wieder infrage. An den bisherigen Vorstellungen von Führung wird massiv gerüttelt. Gleichzeitig wollen Sie in der Lage sein, Ihre Mitarbeiter zu motivieren. Hören Sie vor allem zu und arbeiten Sie gemeinsam mit allen Beteiligten die essenziellen Punkte Ihres Ziels heraus. Geben Sie jedem Einzelnen die Möglichkeit, sich persönlich weiterzuentwickeln und sorgen Sie für Spaß an der Arbeit. Um zuhören zu können, benötigt es einiges an Mut – das werden Sie recht schnell feststellen. Haben Sie keine Angst vor Veränderungen und geben Sie im Zuge dessen guten Gewissens Verantwortung ab. Auch in der Führungsarbeit spielen fortan Plattformen und Ökosysteme eine zentrale Rolle.

Allen ist klar, dass solche Ökosysteme in Zukunft im Vordergrund von erfolgreichen Unternehmen stehen. Dass damit jedoch ein radikales Umdenken in der Führungskultur einhergeht, ist vielen Unternehmern noch nicht ausreichend bewusst. Damit Sie Ihr Ökosystem erfolgreich führen, müssen Sie also Ihr bisheriges Führungsverständnis von Grund auf hinterfragen.

7.4 Digitale Plattformen

Grundsätzlich lassen sich die digitalen Plattformen in zwei Gruppen unterteilen, die den beiden oben genannten Kriterien zum erfolgreichen digitalen Ökosystem entsprechen. Beide Kategorien überschneiden sich in Ihren Funktionen teilweise:

- Transaktionszentrierte Plattformen: Diese sind eine Art virtueller Marktplatz mit Vermittlungsfunktion, die Transaktionen ermöglichen und Angebot und Nachfrage zusammenbringen.
- Datenzentrierte Plattformen: Mithilfe dieser Plattformen werden komplementäre Produkte, wie etwa Software, Hardware und Daten, zu einem Gesamtsystem verbunden.

Was nun die transaktionszentrierte Plattform betrifft, so bringt diese idealerweise Angebot und Nachfrage zusammen, verfügt über eine Suchfunktion und bietet geeignete Informationen sowie ein Bewertungssystem. Der Zugang ist beschränkt und nur nach einer Vorabprüfung gegeben.

7.5 Communities ersetzen Teams

Als digitale Community wird eine virtuelle Gruppe bezeichnet, die ähnliche oder gar gleiche Interessen mitbringt und durch das Austauschen von Expertise, Ideen und Dienstleistungen Mehrwert generiert. Digitale Kommunikationstechnologien unterstützen diesen Dialog und können über eine vielfältige Anzahl an Kanälen stattfinden. Es sind etwa WhatsApp-Gruppen oder Foren, Blogs und soziale Medien dafür geeignet. Benutzer dieser Communities können hier Inhalte austauschen und stehen mit einfachen Mitteln im Zentrum der Aufmerksamkeit.

Wer im Zuge der Umstellung auf agiles Arbeiten bereits die Bildung von Teams gefördert hat, sieht sich bei Aufbau digitaler und wirtschaftlicher Ökosysteme einer neuen Form gegenübergestellt: die sogenannten Communities. Während Teams meist zum Großteil aus firmeninternen Mitarbeitern zusammengesetzt sind, die durchaus auch standortfremde Menschen miteinschließen können, so ist die neue Form der Team-Community ein Netzwerk, bei dem auch externe Menschen eine Rolle spielen.

Externe Communities können bereits bestehende Netzwerke sein, in die Sie sich mit Ihrem Unternehmen einbringen und Netzwerke auf die Beine stellen. Firmeninterne Communities hingegen können einen wichtigen Beitrag dazu leisten, dass benötigtes Wissen für alle Mitarbeiter frei zugänglich ist. Jahrelang haben sich Communities wie Facebook mit dem Aufbau eines Netzwerks beschäftigt, ohne zuerst einen Cent daran zu verdienen. Erst kurz vor dem Börsengang wurde ein eigentliches Geschäftsmodell aufgeschaltet. Damals hatte die Community bereits über eine Million User. Dies sagt uns, dass eine Community erst auf festen Beinen stehen sollte, bevor sie tatsächlich Erfolge vorweisen kann. Eine leere Community, sei sie technisch noch so ausgefeilt aufgesetzt, wird vermutlich nicht die gewünschte Vernetzung bringen.

Der Aufbau erfolgreicher Communities scheitert zurzeit bei vielen Unternehmen an der strategischen Ausrichtung und an der inhaltlichen Umsetzung. Unternehmen, die heute den perfekten Aufbau einer Community vormachen, sind meist im digitalen Umfeld tätig und auf diese Netzwerke angewiesen. So sind beispielsweise Amazon oder Airbnb Vorreiter beim Aufbau einer erfolgreichen Community. Doch auch wenn Sie eine klassische Industrie führen, sollten Sie den Aufsprung auf diesen Zug nicht verpassen und von den ohnehin schon fortschrittlichen Teams noch einen Schritt weiter in die Communities wagen.

Communities können einerseits als Kommunikationskanal verwendet werden, haben aber auch für den Vertrieb durchaus ihre Berechtigung. Eine Gruppe an Dienstleistern oder Handwerkern bildet in der sogenannten ›Crowd‹ einen Pool an Ressourcen. Neben all diesen Vorteilen können Communities einen wichtigen Beitrag zur Weiterbildung leisten und zur Kundenbindung beitragen. So können etwa Webinare angeboten werden, oder auch Service und Support über die Plattform abgewickelt werden.

Im Vergleich zu firmeninternen Teams gehen also Communities noch einen Schritt weiter in Richtung Ökosystem. Wir können sicher davon ausgehen, dass ohne entsprechende Communities in naher Zukunft kein Unternehmen mehr erfolgreich arbeiten können wird. Sei es, dass die Community wie bei Facebook das eigentliche Geschäftsmodell darstellt, oder aber als Plattform für ein bestehendes Unternehmen dient.

Sie als Führungskraft sollten sich also rechtzeitig informieren, welche Formen für Ihr Unternehmen infrage kommen, und wie Sie eine solche Community möglichst zeitnah umsetzen. Vergessen Sie nicht, dass es einige Zeit dauern kann, bis eine solche Gruppe ausreichend Mitglieder und ›Verkehr‹ mit sich bringt, um wirklich Mehrwert zu bieten. Doch wie sollen Sie vorgehen?

Am Beginn des Community-Aufbaus steht eine Aufbaustrategie. Mittels eines Konzeptes legen Sie dabei fest, wie Sie in Zukunft Nutzer gewinnen und an sich binden wollen. Wichtig ist dabei, dass Sie geeignete Instrumente entwickeln, um die Aufmerksamkeit der User langfristig aufrechtzuerhalten. Eventuell ist es für Sie auch besser, sich einer bestehenden Community anzuschließen, die bereits einen geeigneten Mitgliederpool besitzt, den Sie bespielen können.

Sollten Sie eine eigene Community aufbauen, so steht im Anschluss daran das Communitymanagement auf dem Plan. Schließlich müssen Sie sich um die User kümmern. Communities sind in keinem Fall Selbstläufer, sondern müssen regelmäßig mit Interaktion und Kommunikation bespielt werden. Echtzeit-Kommunikation ist unabdingbar, ist doch jede Community Abbild eines realen sozialen Netzwerks.

Communities existieren in offener oder geschlossener Form. Welches für Ihr Unternehmen die richtige Variante ist, hängt stark von Ihren Zielen und Ideen ab. Geht es um stark unternehmensinterne Informationen und personalisierte Inhalte, so sind

Sie mit einer geschlossenen Community gut bedient. Vielleicht sollte Ihre Marke auch nur einem ausgewählten Kundenkreis zugänglich gemacht werden und exklusiv gehalten werden. In diesem Fall wählen Sie ebenfalls die geschlossene Variante. Geht es Ihnen hingegen darum, möglichst schnell möglichst viele User zu erreichen und diese etwa mit Werbung zu unterhalten, so bietet sich die offene Community an. Hier können sich User nach Belieben registrieren und Inhalte einsehen.

Bevor Sie sich für eine Art von Community entscheiden, definieren Sie klar den Nutzen, den Sie und die User von der Gruppe haben wollen. Anschließend liegt es an Ihnen, in der Community offen und authentisch zu kommunizieren, um erfolgreich zu sein.

8 Flexibilität

Das Wort Flexibilität bedeutet zunächst nichts anderes als die Fähigkeit, sich an wechselnde Umstände einfach anpassen zu können. Nicht umsonst heißt es: Der Flexiblere führt. In der Wirtschaft heißt dies konkret, dass der Prozess zur Erreichung von Agilität gut umgesetzt sein muss, und zwar durch das Aufweichen fester Strukturen und Regeln.

Im Zuge dessen wird oft der Begriff des »atmenden Unternehmens« genannt, bei dem es um die Suche nach flexiblen Arbeitsformen geht, mit denen eine höhere Rentabilität erreicht wird. Schwankungen in der Auftragslage sollen damit abgefangen und Kunden rasch und unkompliziert bedient werden. Je mehr Aspekte Ihres Unternehmens Sie dem Konzept der Flexibilisierung unterziehen, desto einfacher werden Sie auf sich verändernde Rahmenbedingungen eingehen können.

Flexibilisierung findet sowohl unternehmensintern als auch extern statt. Während die interne Flexibilisierung mit dem Konzept des *New Work* einhergeht, so bringt die externe Flexibilisierung Dinge wie Outsourcing oder Vertragsarbeitskräfte mit sich. Funktionale Flexibilisierung erreichen Sie dadurch, dass die Kompetenzen der Mitarbeiter breiter gestreut werden und diese nicht mehr nur an einen einzigen Aufgabenbereich gebunden sind.

8.1 Vom HR Management zum Human Potential Development

Auch für Sie als Personalverantwortlicher ist es an der Zeit, sich dem agilen Unternehmen anzupassen und auf unterschiedlichen Ebenen umzudenken. Das neue Arbeiten mit interdisziplinären Teams hat weitreichende Konsequenzen und Sie als Personalabteilung wollen hier das Potenzial erkennen und den Mitarbeiter effektiv einsetzen. Arbeiten wie bisher führt also nicht mehr zum gewünschten Erfolg.

Im agilen Unternehmen ist die Personalabteilung nicht mehr so sehr für die Qualität der Mitarbeiter verantwortlich, wie Sie das bislang gewohnt sind. Sie sind nun mehr für die Produktivität der Teams zuständig, während der einzelne Mitarbeiter selbst für sein Handeln verantwortlich zeichnet. Sie als Personalverantwortlicher haben die Aufgabe, dies dem Mitarbeiter verständlich zu machen und ihn dabei zu unterstützen, herauszufinden, welche Rolle ihr oder ihm am besten auf den Leib geschneidert ist. An dieser Stelle spielen die bereits angesprochenen persönlichen Ziele und Werte des Mitarbeiters die entscheidende Rolle. Je mehr diese sich mit denen des Unternehmens decken, umso leichter wird dieser Vorgang gelingen. Gerade junge Menschen fragen heute verstärkt nach dem »Warum« – ein Softwareentwickler, der sich privat für Autos begeistert, wird leichter motiviert werden können, Software für Fahrzeuge zu entwickeln als Software für die Buchhaltung oder den Steuerberater. Ein reisebegeisterter Mensch wird seine Heimat eher im Bereich der Freizeitindustrie finden als im Maschinenbau.

Mein Anliegen ist es, von der bisherigen Betrachtung der menschlichen Ressource hin zu einer engagierten Entwicklung des menschlichen Potenzials zu kommen. Wurden bisher meistens Mitarbeiter nach dem Kriterium der besten fachlichen Qualifikation eingestellt, sollte zukünftig wesentlich mehr auf Soft Skills wie Sozialverhalten und insbesondere das Entwicklungspotenzial geachtet werden.

Fachlich hoch qualifizierte Mitarbeiter ebenso wie sogenannte A-Manager sehen sich häufig einem starken Konkurrenzdruck ausgeliefert. Sie wollen persönlich nicht verlieren. Dies führt dazu, dass Wissen und Erfahrungen zurückgehalten werden, andere Mitarbeiter schneller in ihre Schranken verwiesen werden, A-Manager lieber B- oder C-Manager einstellen, von denen sie ausgehen können, dass sie sich ihnen eher unterwerfen werden. Dieses Verhalten schadet Ihrem Unternehmen in jeglicher Form, da Kommunikation und Zusammenarbeit nicht gut in Fluss kommen.

Sie avancieren also vom Human Resources Manager zum Human Potential Developer. Ihre Aufgabe ist es nun, als Schnittstelle für die Anforderungen der Fachabteilungen und die Interessen des Mitarbeiters zu fungieren und hier besonders den Wandel des Unternehmens in eine agile Firma in den Fokus zu stellen. Dazu gehört das Erarbeiten von Rollenidentitäten ebenso, wie das Aufstellen neuer Karrieremodelle.

Da Sie in den meisten Teams vermutlich unterstützende Personalbeauftragte haben, wird die operative Auslastung auf Ihrer Seite reduziert werden und Sie können die neu gewonnene Zeit mit strategischen Überlegungen anderweitig nutzen. Für sich selbst müssen Sie lernen, den Teams zu vertrauen, wenn es um die Einstellung neuer Mitarbeiter geht, und deren Wahl zu akzeptieren.

8.2 Flexible Karrieremodelle und schnelle Anpassungsfähigkeit

Natürlich will sich der Großteil der Mitarbeiter beruflich ebenso weiterentwickeln, wie privat. Um hier einen gemeinsamen Nenner zwischen Privatleben und Karriere zu schaffen, sind sogenannte flexible Karrieremodelle gefragter denn je. Doch warum und wie sollen Unternehmen solche Alternativen in Angriff nehmen?

Die meisten Personalverantwortlichen warten darauf, dass die Mitarbeiter Eigeninitiative zeigen, wenn es um den beruflichen Aufstieg geht. Optionen, auf der Karriereleiter nach oben zu steigen, werden meist lediglich an äußeren Umständen aufgebaut. Doch wenn Sie als Personalverantwortlicher sich an solchen Umständen festmachen, entgeht Ihnen nur allzu leicht das größte Potenzial. Längst sind berufliche Entscheidungen nicht mehr allein von den aktuellen Phasen der Mitarbeiter abhängig. Der individuelle Lebensentwurf spielt eine immer größere Rolle. Der eigene Lebenswunsch und die eigene Vorstellung von Karriere müssen heute mehr denn je aufeinander abgestimmt sein.

Nimmt man die gesamte deutsche arbeitende Bevölkerung, so sind lediglich etwas mehr als 22 Prozent tatsächlich karriereorientierte Menschen, die Flexibilität im Berufsleben als eine Priorität ansehen. Solche Menschen nehmen gerne Führungsaufgaben in Unternehmen wahr und sind bei Betreuungsaufgaben im Privatleben eher zurückhaltend. Mit nur 9,7 Prozent bildet der Anteil von Menschen eine Gruppe, die sich hauptsächlich im Privatleben verwirklichen möchte. Doch was ist mit dem Rest? Was wünschen sich fast 70 Prozent der arbeitenden Deutschen?

Der Großteil ist weder rein im Unternehmen noch lediglich im Privatleben gut aufgehoben. Sie wünschen sich eine Möglichkeit, sich sowohl beruflich als auch privat weiterzuentwickeln. Aspekte einer klassischen Karriere sind für diesen Cluster weniger wichtig. Dafür spielen Dinge wie flexibel gestaltete Arbeitszeit und weniger Leistungsdruck eine tragende Rolle. Diese Aspekte ermöglichen den Mitarbeitern, mehr Zeit und Energie in ihre Familien zu stecken und somit Karriere und Privatleben gut vereinbaren zu können. Schließlich muss jeder dieser Menschen den Spagat zwischen beruflichen und privaten Verpflichtungen erfüllen. Natürlich sind auch diese Mitarbeiter an der Weiterentwicklung ihrer Karriere interessiert. Meist wird diese Tatsache jedoch von den Personalverantwortlichen übersehen.

Mitarbeiter, die darauf achten, Familie und Beruf gut vereinbaren zu können, schauen bei Aufstiegsmöglichkeiten nur allzu oft durch die Finger. Erwartet wird vielmehr, dass Menschen im Unternehmen Vollzeit präsent sind und die Familie möglichst nur auf dem Papier existiert. Wird Zeit für das Privatleben beansprucht, so bedeutet dies für Personalverantwortliche meist, dass diese Person nur eingeschränkt arbeitsfähig ist.

Sie als Personalverantwortlicher haben hier die Aufgabe, mit neuen flexiblen Karrieremöglichkeiten aufzuwarten, und diese aktiv zu fördern. Warten Sie nicht, bis der Mitarbeiter es wagt, hier Eigeninitiative zu zeigen. Er ist vermutlich in der Vereinbarkeitsfalle gefangen und wird diesen Schritt nicht wagen. Hier muss in erster Linie ein Umdenken stattfinden. Einerseits bei Ihnen, in dem die Sie auch Familienmenschen stärker anerkennen und unterstützen, andererseits auch bei den entsprechenden Mitarbeitern, die ihre Wünsche kundtun müssen, selbst wenn sie Vereinbarkeitsmaßnahmen in Anspruch nehmen.

Entwickeln Sie dazu flexible Patchwork-Karrieren. Sie als Personaler dürfen hier lernen, die Lebensentwürfe Ihrer Mitarbeiter einzuordnen und diesbezüglich den Dialog mit ihnen zu suchen. Passend dazu können Sie auf unterschiedlichen Handlungsfeldern prüfen, welches der beste Weg ist, den Mitarbeiter zu fördern. Schauen Sie auf Arbeitszeit, Arbeitsorganisation und Entgelt ebenso, wie etwa auf Arbeitsort und Personalentwicklung. Hier können Sie flexibel zu Lösungen finden, die es dem Mitarbeiter erlauben, private und berufliche Verpflichtungen bequem wahrnehmen zu können und sich zudem nicht vor einem Karriereaufstieg zu verschließen.

Heute ist es relevant geworden, Karrieremodelle aus der Sicht der Mitarbeiter zu gestalten. In seinem Artikel »Hacking the Career. What Organizers Should Do« beschreibt John Bersin[13] bereits 2016, was am Karrieremarkt genau passiert.

Bislang sind wir alle gewohnt, dass sich Karrieren komplett innerhalb eines Unternehmens abspielen. Vom Programm für Trainees über den klassischen Aufstieg auf der Karriereleiter bis hin zur Führungsposition und anschließenden Pensionierung. Dies hat sich grundlegend geändert. Menschen bleiben im Schnitt vier bis fünf Jahre

13 Bersin, John: Hacking the career. What organizers should do. Forbes, 6.4.2016, https://www.forbes.com/sites/joshbersin/2016/04/06/hacking-the-career-what-organizations-should-do/#61393e0e701f, abgerufen am 3.4.2020.

bei ein und demselben Unternehmen, wobei junge Mitarbeiter fast doppelt so oft ihren Arbeitsplatz wechseln, wie ältere. Mit althergebrachten Benefits und vielleicht noch flexiblen Arbeitszeiten im Rahmen eines Gleitzeitmodells kann heute kein High Potential mehr im Unternehmen gehalten werden. Hier muss die Art, wie Karrieren gestaltet sind, völlig neu durchdacht werden.

Mitarbeiter waren bisher an sogenannte Führungskarrieren oder Expertenkarrieren gewöhnt, die heute weder der erforderlichen Geschwindigkeit standhalten noch ausreichend praxisorientiert sind. Durch die rasante Entwicklung der Technologien ist es nötig, auch die eigenen Skills und Kompetenzen jeweils in derselben Geschwindigkeit anzupassen. Doch wenn bisherige lineare Karrieren nicht mehr in dieser Form funktionieren, wohin geht die Reise dann?

Drei Aspekte werden die zukünftigen Formen von Karrieren maßgeblich auszeichnen. Der wichtigste Punkt ist dabei wahrscheinlich die Tatsache, dass die Teams im Mittelpunkt stehen, und durch hohe Mobilität untereinander gezeichnet sind. Dadurch können Unternehmen gleichermaßen schnell auf sich ändernde Marktsituationen reagieren. Eine Karriere findet also zukünftig in erster Linie auf Basis von Projekten statt, im Zuge derer jeder Beteiligte persönliche Fähigkeiten weiterentwickeln kann. Dies bedeutet, dass auch eine gewisse Agilität zwischen Jobs mit Führungsverantwortung und solchen ohne bestehen wird. Wichtiger als die persönliche Position in der Hierarchie ist also die eine Gemeinsamkeit, die alle Beteiligten mitbringen sollten: der Sinn der Arbeit, das »Warum«.

Statusgründe sind bei neuen Karriereverläufen nicht mehr relevant. Es geht vielmehr darum, von der Sinnhaftigkeit der Arbeit überzeugt zu sein und sich gemeinsam mit allen Teammitgliedern auf die Suche nach bestmöglichen Lösungen zu machen.

Den Personalverantwortlichen bleibt eine wichtige Aufgabe: die einzelnen Teammitglieder mit Anerkennung zu versorgen. Da bislang bekannte Punkte der Karriereleiter wegfallen und damit auch die altbekannten Formen von Anerkennung, sind neue gefragt. Diese neuen Formen kommen allerdings dem Erfolg des Teams zugute und sind nicht auf einzelne Personen gerichtet.

Mitarbeiter, die solchen flexiblen Karrieremodellen gegenüber verschlossen sind, und dementsprechend in einem agilen Unternehmen auch nicht gefördert werden können, werden immer Stagnationspunkte und somit geschäftliche Risiken darstellen. Auch in Ihrem Unternehmen wird es in wenigen Jahren wieder neue Aufgaben und Tätigkeitsfelder geben, deren Art und Umfang heute noch völlig unbekannt sind. Mitarbeiter, die sich aktuell in der Ausbildung oder im Studium befinden, werden Tätigkeiten verrichten, von denen heute niemand etwas weiß. Diese Tatsache unterstreicht die Notwendigkeit der Bereitschaft für lebenslanges Lernen, Flexibilität, Agilität und Begeisterung für die Entwicklung des eigenen Potenzials.

Bitte tragen Sie dafür Sorge, dass entsprechende Rahmenbedingungen dafür geeignet sind, die Mobilitätsbereitschaft der Mitarbeiter zu fördern. Lassen Sie althergebrachte Strukturen los und vergessen Sie die Zeiten von kontrollierenden und administrativen Tätigkeiten. Es geht nun darum, dass Sie crossfunktionale Karrieren fördern und dabei einerseits den organisationalen Bedarf abklären und andererseits Dinge, wie Onboarding, Personalkosten und Ähnliches im Auge behalten.

8.3 Globale Lernwelten und Herausforderungen

Seit jeher haben sich ökonomische und gesellschaftliche Veränderungen auch auf die Struktur von Bildung ausgewirkt. Europaweit entwickeln sich heute Kultur- und Bildungsinstitutionen zu Institutionen, die das Konzept des lebenslangen Lernens unterstützen wollen. Solche Lernzentren gibt es bereits seit den Anfängen der Volksbildung Ende des 19. Jahrhunderts. Heute sind diese Bildungsinstitutionen jedoch heterogen, und zwar sowohl in der Zusammenstellung der Institutionen als auch in ihrer Organisation.

So stehen wir gewissermaßen einem Marktplatz für Bildung gegenüber, der in jeder nur erdenklichen Art und Weise funktioniert. Hier gilt es, die laufenden Prozesse und Angebote zu hinterfragen und gut auszuwählen, was für wen Sinn ergibt. Es soll dabei weder dramatisiert, noch banalisiert werden. Sie als Personalverantwortlicher sollten immer die Tatsache vor Augen haben, dass es für das Unternehmen profitabler ist, die Fähigkeiten der eigenen Mitarbeiter zu fördern und formalisieren, als stetig von außen Experten zurate ziehen zu müssen.

Um von den neuen digitalen Lernwelten profitieren zu können, ist es in erster Linie wichtig, dass Sie einerseits Ihre Autonomie und andererseits Ihre Lernfähigkeit bewahren, und nicht nur Ihre, sondern auch die Ihrer Mitarbeiter. Gerade für ältere Menschen ist es von besonderer Wichtigkeit, die Weiterbildungsbereitschaft aufrechtzuerhalten. Diese sind zumeist vom Prozess einer schleichenden Disqualifizierung betroffen, bei dem von ihnen einst erworbene Qualifikationen nicht mehr benötigt werden. Gerade deshalb ist es wichtig, auch bei der älteren Belegschaft eine kontinuierliche Weiterbildung zu forcieren. Nur so können Sie sicherstellen, dass die Mitarbeiter auch im Alter jenseits der 60 noch qualifiziert sind.

Die Globalisierung, die mit der zunehmenden Digitalisierung einhergeht, bringt neue Lernherausforderungen mit sich, und zwar Chancen und Grenzen gleichermaßen. Es kann nun fernab von regionalen und nationalen Grenzen hinweg weltweit miteinander einfacher kommuniziert werden. Allerdings macht sich auch eine zunehmende Komplexität bemerkbar, wenn es um das globale Lernen geht. Manchmal entsteht der Eindruck einer unüberschaubaren Informationsflut. Das Resultat daraus ist ein schwieriger Umgang mit Wissen und Nichtwissen, wenn es darum geht, richtige Entscheidungen zu treffen. Gerade Menschen unter 45 Jahren sind das Lernen im Cyberspace gewohnt. Statt Bibliotheksbesuchen werden Internetrecherchen betrieben, statt Briefen werden E-Mails geschrieben.

Mit der Ausbreitung der Neuen Medien scheint es, als würde die Ungleichheit der Menschen in Bezug auf Bildungschancen verstärkt. Dies soll nicht heißen, dass nicht alle Menschen in unseren Breiten Zugang zum Internet haben und daher nicht dieselben Chancen auf Bildung. Es geht vielmehr um die Art, wie das Internet genutzt wird. Hier spielt tatsächlich das kulturelle Milieu eine große Rolle, durch das die Interessen der Internetnutzer geleitet werden. Waren früher die Erfahrungen mit Medien bei den Menschen durch Fernsehen oder Radio noch vorselektiert, so hat heute jeder Mensch die Möglichkeit, hier selbst tätig zu werden und nach eigenem Geschmack auszusuchen.

Die Wichtigkeit des globalen und lebenslangen Lernens ist im Prinzip keine neue Erfindung. Natürlich zeichnet sich der Wunsch ab, dass wir komplett zu einer Informationsgesellschaft mutieren und gleichermaßen an Informationen teilhaben. Dabei soll für das eigene Leben und die eigene Rolle in der Arbeitswelt eine möglichst ausgewogene Orientierung gefunden werden. Um dies zu erreichen, ist sowohl fachliches Wissen vonnöten als auch personale Kompetenz gefragt.

In den Industrienationen ist es so, dass Kinder den Umgang mit Computern und dem Internet sowohl in der eigenen Familie als auch durch Freunde erlernen. Dies hat zur Folge, dass dieser Umgang eher freizeitorientiert ist. So werden die Medien hauptsächlich zum Ansehen von Unterhaltungsmedien wie etwa Filmen oder Spielen verwendet. Die kreative Nutzung der digitalen Medien hat sich jedoch in den letzten Jahren auch schrittweise weiterentwickelt.

Zwar sind Jugendliche, die eigene Webseiten betreiben, immer noch relativ selten zu finden, in den Social Media und den damit zusammenhängenden kreativen Betätigungen wie dem Erstellen von Videos, Fotos machen sich diese in der Regel jedoch durch kreativ-aktiven Gebrauch bemerkbar. Waren die Neuen Medien bis vor Kurzem für die Konzeption des globalen Lernens noch eher irrelevant, so hat sich dies durch die Corona-Krise definitiv gewandelt.

Für die Entwicklung globaler Kompetenzen bietet die fortschreitende Digitalisierung neue und schier unbegrenzte Möglichkeiten der Kooperation. Hier kann in der Regel jeder Nutzer auf der einen Seite als Anbieter fungieren, auf der anderen einfacher User sein. Weltweit vor sich gehende Veränderungen von Strukturen können dabei einfach thematisiert und dabei die internationale Gerechtigkeit ermöglicht werden.

8.4 Der Mitarbeiter als Wissensträger

Auch wenn landläufig die Meinung herrscht, es sei im Alter eher schwer, neue Dinge zu erlernen, so ist lebenslanges Lernen zu einer Notwendigkeit im Arbeitsalltag geworden (siehe auch Kapitel 2 »Lebenslanges Lernen«). Dabei spielt es keine Rolle, ob es um den Gebrauch eines neuen PCs geht oder die Funktionsweisen eines agilen Unternehmens. Soviel vorweg: Wer sich den Lernmöglichkeiten bewusst entzieht, wird über kurz oder lang sowohl im privaten als auch im beruflichen Umfeld abgehängt werden.

Wir müssen uns dessen bewusst sein, dass der Prozess des Lernens an sich im Blut des Menschen liegt. Ohne diese Fähigkeit zu Adaption und Lernen hätte die Menschheit sicherlich nicht bis heute überlebt. In der gesamten Geschichte mussten wir immer dazulernen und unsere Fähigkeiten entsprechend den sich stetig wandelnden Anforderungen anpassen. Das Gesetz der Evolution besagt schließlich, dass nicht der Stärkere, sondern der *Anpassungsfähigere* überlebt – der Flexiblere und Agilere. Dies ist heute nicht anders. Wer das für sich verinnerlicht hat, der wird auch auf der neuartigen Karriereleiter recht schnell vorankommen. Doch warum ist es eigentlich so wichtig, dass die eigenen Mitarbeiter immer up to date bleiben und

Sie als Personalverantwortlicher oder Führungskraft dies fördern? Können Sie nicht einfach Mitarbeiter austauschen, die hier nicht mehr den fachlichen Anforderungen genügen? Können Sie nicht einfach Experten von außen hinzuziehen, wenn Ihre eigenen Mitarbeiter das eine oder andere Problem nicht lösen können?

8.4.1 Weiterbildungsangebote bringen Talente

Was für Ihr Unternehmen besonders wichtig ist, sind sogenannte Top-Talente. Top-Talente sind Menschen mit hohem Entwicklungspotenzial. Diese haben in der Vergangenheit ihre Arbeitsplätze meist nach Gehalt oder Aufstiegsmöglichkeiten auf der Karriereleiter ausgewählt. Nun haben wir ja bereits gesehen, dass diese Bonuspunkte für die neuen *High Potentials* nicht mehr ausreichen. Ganz oben auf der Wunschliste der begehrten Mitarbeiter stehen mittlerweile die Möglichkeiten zur persönlichen und beruflichen Weiterentwicklung und die damit verbundenen Lernmöglichkeiten. Darauf müssen Sie als Unternehmen mit einem entsprechenden Angebot an Weiterbildung reagieren, um nicht von Ihren Konkurrenten im Kampf um die besten Talente ausgebootet zu werden.

Bereits eine Umfrage aus dem Jahr 2018[14] zeigt deutlich auf, dass die meisten Unternehmen diese Notwendigkeit zur Weiterbildung verstanden haben. Doch während sich 90 Prozent der Unternehmen einig sind, dass dieses lebenslange Lernen wichtig ist, so hat nicht einmal die Hälfte der Firmen eine entsprechende Strategie aufzuweisen. Auch die Anzahl der Tage, die Mitarbeiter im Durchschnitt mit Weiterbildung verbringen, ist nicht ausreichend – in Deutschland waren es 2018 gerade 2,3 Tage im Durchschnitt.

Dies wird auf der einen Seite mit Zeitmangel begründet, auf der anderen mit dem Fehlen an attraktiven Angeboten. Überlegen Sie als Personalverantwortlicher sich daher, wie Sie Lernprozesse am besten in den Arbeitsalltag der Mitarbeiter integrieren können.

14 Bitkom Research, Weiterbildung für die digitale Arbeitswelt, Berlin 2018, https://www.bitkom.org/sites/default/files/2018-12/20181221_VdTU%CC%88V_Bitkom_Weiterbildung_Studienbericht.pdf, abgerufen am 6.4.2020.

8.4.2 Das richtige Format für Ihre Lernangebote

Machen Sie sich bewusst, dass für Ihre Mitarbeiter kontextbezogene Lerninhalte sinnvoller als abstrakte Weiterbildung sind. Ist der Bezug zur praktischen Arbeit entsprechend hoch, so ist auch die Aufmerksamkeitsspanne der Lernenden um einiges größer. Vermeiden Sie langwierige Lerneinheiten in schnöden Seminarräumen. Sorgen Sie für kleine Lerneinheiten, sogenannte Brainsnacks, in kurzen Sequenzen, die oft inspirierender wirken als mehrtägige Seminare. Natürlich haben auch Letztere ihre Berechtigung und gerade beim Thema Teamentwicklung ihren Nutzen, jedoch lassen sich solche Seminare – aus eigener Erfahrung als Trainer – manchmal in kurzen Einheiten wesentlich effektiver darstellen. Unser Gehirn liebt kurze Sequenzen, erfreut sich an der schnellen Umsetzung im Alltag und freut sich dann auf die nächste Sequenz.

8.4.3 Erfahrungswissen sichern

Gerade im Zuge des demografischen Wandels müssen sich immer mehr Personalverantwortliche der Frage stellen, wie das Wissen einzelner Mitarbeiter gesichert werden kann. Schließlich wollen Sie auch dann noch von diesem Wissen profitieren, wenn der entsprechende Mitarbeiter das Unternehmen wechselt oder in Rente geht. Hier gibt es einerseits IT-basierte Lösungen, die es ermöglichen, das Wissen digital abzulegen, was in der Folge auch einem größeren Kreis an Personen zugutekommt. Andererseits kann das Wissen auch einer anderen Person oder Gruppe von Personen weitergegeben werden.

Bei der Weitergabe von Wissen handelt es sich um einen Prozess, der auch aus psychologischer Sicht gut aufgebaut sein will. Die Rahmenbedingungen müssen hier stimmig ineinander übergreifen und auf folgende Punkte eingehen:

- Sowohl der Wissensgeber als auch der Wissensnehmer müssen genügend Anerkennung erhalten.
- Im Transferprozess sind die kommunikativen Fähigkeiten der Beteiligten kongruent.
- Der Wissenstransfer wird durch die Personalabteilung und das Management bedingungslos unterstützt.
- Die Zielsetzung ist im Detail klar definiert.

- Die Übergabe wird frühzeitig, rechtzeitig und proaktiv aufgestellt.
- Es werden möglichst neutrale Gesprächsmoderatoren eingesetzt, die sowohl mit der Thematik als auch mit sozialen Kompetenzen vertraut sind.
- Der Wissenstransfer wird in einem geeigneten IT-System dokumentiert.

Abgesehen davon spielen natürlich zeitliche Freiräume zur Durchführung dieses Wissenstransfers eine wichtige Rolle. Diese können durch einfache Meilensteine abgegrenzt werden und mithilfe regelmäßiger Updates überprüft werden.

8.4.4 Wie Sie die Wissensträger erkennen

Wissensträger entscheiden heute maßgeblich über den Erfolg eines Unternehmens. Es sind längst nicht mehr die Rohstoffe, die über Stehen und Fallen einer Firma entscheiden, wie das in früheren Zeiten der Fall war. Tappen Sie als Personalverantwortlicher nicht in die Falle, die Potenzialträger in den eigenen Reihen zu übersehen. Auch wenn teilweise Mitarbeitergespräche dabei helfen können, Talente an die Oberfläche zu bringen, so ist es trotzdem von grundlegender Wichtigkeit, ein konsequentes Talentmanagement zu betreiben.

Durch das in diesem Buch beschriebene neuartige Führungsverhalten motivieren Sie nicht nur Ihre Mitarbeiter, sondern können gleichzeitig die Produktivität in Ihrem Unternehmen steigern. Dabei ist vor allem ausschlaggebend, dass die betroffenen Menschen neben dem Potenzial zum Erfolg auch den entsprechenden Willen mitbringen.

Betreiben Sie Wissensmanagement auf mehreren Ebenen. Einerseits sind Job Rotation und Job Enlargement geeignete Instrumente, ebenso wie althergebrachte Weiterbildungsmaßnahmen. Andererseits müssen Sie auch darauf achten, dass die ältere Generation der jüngeren ihr Wissen weitergibt, bevor sie das Unternehmen verlässt. Dazu kommen verschiedene Kommunikationsmaßnahmen, wie etwa Treffen, die über die gesamte Firma verteilt sind, gut eingesetzte Mentorings und andere ähnliche Instrumente.

Achten Sie darauf, dass das Wissen nicht nur entlang der klassischen Hierarchielinien fließt, sondern auch horizontal verbreitet wird. Netzwerkstrukturen und Communities unterstützen einen solchen Informationsfluss. Und vergessen Sie eines nie: Je mehr Wissen Sie innerhalb des Unternehmens zur Verfügung haben, in welcher Form auch immer, desto schneller können Sie bei Marktveränderungen reagieren und brauchen sich nicht auf externes Wissen zu verlassen.

8.5 Fehler sind nur Feedback

Nachgewiesenermaßen machen kreative Unternehmen mehr Umsatz und sind besser auf eine innovative Zukunft eingestellt. Doch was unterscheidet solche Unternehmen von anderen? In erster Linie geht es hier um eine Feedback- und Fehlerkultur, die bei »klassischen« Unternehmen so nicht vorhanden ist.

Wenn Sie sich die Menschheit ansehen, so werden Sie rasch feststellen, dass diese in ihrer gesamten Entwicklung von Fehlern geprägt ist. Dies beginnt beim Kleinkind, das bis zu 3000 Mal hinfällt, bevor es laufen lernt, und geht hin bis zu wichtigen Erfindungen, die aufgrund von Fehlern gemacht wurden. Hätte beispielsweise Charles Goodyear nicht versehentlich ein Gemisch aus Schwefel und Gummi auf dem heißen Ofen stehen gelassen, so wäre die Galvanisierung vielleicht bis heute noch ein Mysterium. Hätte Louis Pasteur nicht einigen Hühnern versehentlich verdorbene Erreger gespritzt, so wäre das Prinzip der Impfung damals nicht erfunden worden. Warum sollten Sie also Angst vor Fehlern haben?

Um eine gute Fehlerkultur in Ihrem Unternehmen zu bilden, ist in erster Linie eine gesunde Feedbackkultur gefragt. Dabei geht es nicht nur um negatives Feedback. Solches ist in der Regel leicht ausgesprochen und hinterlässt sichtbare Spuren. Wer stets nur getadelt wird, hat bald keine Motivation mehr, etwas Neues auszuprobieren, und wählt daraufhin den sicheren Weg, um nichts zu riskieren. Doch wie sagt das Sprichwort so schön? Wer nicht wagt, der nicht gewinnt.

Leider kommt es noch heute in vielen Unternehmen vor, dass gar kein Feedback gegeben wird. Kreativität und Unsicherheit werden auch mit solchem Verhalten im Keim erstickt, da die Reaktionen der Vorgesetzten nicht eingeschätzt werden können. Sie als Führungskraft müssen also wissen, dass regelmäßiges Feedback wichtig ist, um Orientierung zu geben. Diese Orientierung ist vor allem deswegen wichtig, da nur so Leistungen an sich ständig ändernde Umstände angepasst werden können. Geben Sie deshalb Ihren Mitarbeitern kontinuierlich Feedback und Rückmeldungen.

Führen Sie eine neue Fehlerkultur ein. Die meisten von uns verbinden Fehler immer noch mit dem schlechten Gefühl eines Rotstifts im Schulheft. Interessanterweise besteht all unser Lernen tatsächlich aus Trial and Error, aus einer mehr oder weniger langen Test-Operate-Test-Schleife. Erinnern Sie sich noch an Ihre Anfänge als Unternehmer? Stellen Sie sich einmal vor, einer Ihrer Mitarbeiter hat gerade einen sehr großen Fehler begangen und vielleicht 100.000 Euro ›versenkt‹. Dieser steht nun schuldbewusst vor Ihnen und erwartet natürlich die sofortige Kündigung. Stellen Sie sich bitte weiterhin vor, Sie sagen diesem Mitarbeiter: »Warum sollte ich Ihnen kündigen? Ich habe gerade 100.000 Euro in Ihre Ausbildung investiert. Sie sind damit einer meiner wertvollsten Mitarbeiter. Lernen Sie und machen Sie weiter!«

Mit welchem Engagement können Sie wohl fortan rechnen?

Wie schon an anderer Stelle erwähnt: Nicht das Hinfallen ist ein Fehler, sondern das Nicht-wieder-Aufstehen. Unser Mitarbeiter im Beispiel steht wieder auf. Er – und damit Ihr Unternehmen – kennt jetzt zumindest eine Möglichkeit, die nicht zielführend ist. Er wird weiterhin mutig, loyal und vielleicht ein wenig umsichtiger – trotzdem zielstrebig – Ihr Unternehmen auf dem Weg zum Erfolg unterstützen.

Wie wollen Sie eine neue Fehler- und Feedback-Kultur einführen? Hier sollten Sie auf jeden Fall außerhalb des bisher bekannten 90-Grad-Feedbacks denken. Bislang sah Feedback so aus, dass erst eine Selbstbeurteilung durch den Mitarbeiter stattfand und anschließend eine Fremdbeurteilung durch die Führungskraft. Dabei wurde zwar die Eigenbeurteilung des Mitarbeiters mit einbezogen, das letzte Wort blieb aber stets bei der Führungskraft.

Versuchen Sie stattdessen, eine Rundumbeurteilung vorzunehmen, bei der die Meinung der Führungskraft nur einen Teil des Feedbacks ausmacht. So werden die Leistungen auch von Menschen betrachtet, die mit dem betroffenen Mitarbeiter regelmäßig zusammenarbeiten. Dies können entweder Kollegen, andere Teammitglieder oder auch direkte Vorgesetzte, Kunden und selbstverständlich ›Untergebene‹ sein. Natürlich kommt auch hier die Selbsteinschätzung des Mitarbeiters zum Tragen. Im Vergleich zum 90-Grad-Feedback entsteht im 360-Grad-Feedback einerseits ein wesentlich objektiveres Bild, andererseits kommen auch Talente und Fähigkeiten zum Vorschein, die sonst sicherlich untergegangen wären.

Wenn Sie als Führungskraft sich also des Kreislaufes bewusst sind, der zwischen Feedback, Innovation und Veränderung entsteht, achten Sie in jedem Fall auf angemessenes Feedback. Nur so können Sie sicher sein, dass gute Beziehungen zwischen Mitarbeitern, Kollegen und Freunden herrschen.

Umgekehrt reagieren Sie auch auf Feedback, das Ihnen entgegengebracht wird, in angemessener Weise. Sie lernen, andere Sichtweisen zu akzeptieren und vielleicht auch darüber nachzudenken. Erst wenn Sie bereit sind, sich mit Ihren eigenen Verhaltensweisen kritisch auseinanderzusetzen, können Sie solches Feedback auch konstruktiv verarbeiten, wovon das gesamte Unternehmen profitiert. Wie gesagt, betrachten Sie ein Feedback nur als Feedback. Wenn Sie ein anderes Feedback erwartet haben oder erwarten, dann passen Sie Ihre Kommunikation oder Ihr Verhalten (Test-Operate-Test) so lange an, bis Sie Ihr Ziel erreicht haben. Als Führungskraft, als Sender einer Kommunikation, sind Sie verantwortlich, dass die Nachricht richtig verstanden wird. Variieren Sie Ihre Kommunikation je nach Gegenüber. Bei einer Aussage wie »Hier dürfte bei Gelegenheit auch einmal aufgeräumt werden!« reagiert der Eine und bringt innerhalb kurzer Zeit das Büro auf Hochglanz, der Andere tut nichts. Probieren Sie es bei diesem zum Beispiel mit: »Räumen Sie Ihr Büro bitte möglichst schnell auf, sobald Sie heute dazu Zeit finden. Morgen um 10 Uhr kommt ein wichtiger Kunde vorbei und ich möchte, dass er sich bei uns wohlfühlt und den Vertrag unterschreibt.«

8.6 Erfolgreich ist, wer wieder aufsteht

Bereits Winston Churchill kleidete das Konzept des Scheiterns in passende Worte: »Die Kunst ist, einmal mehr aufzustehen, als man umgeworfen wird.« Um immer wieder erfolgreich aufzustehen, ist die Fähigkeit der Resilienz notwendig – die Fähigkeit, ausreichend belastbar und stark zu sein, immer die notwendige Ruhe und Umsicht zu bewahren, um den Anforderungen wechselnder Situationen und insbesondere Krisen standhalten zu können.

Der Begriff »Resilienz« wird aus dem lateinischen Verb »resilire« abgeleitet, mit »zurückspringen«, »nicht anhaften« welches übersetzt wird. Entsprechend könnte man als Bild auch die Teflonbeschichtung einer Pfanne wählen: Selbst heftig angebrannte Essensreste haften nicht an der Pfanne an und lassen sich leicht entfernen. Auf Menschen bezogen bedeutet das, eine Fähigkeit zu besitzen, äußere – insbesondere natürlich negative – Einflüsse und Situationen an sich abprallen oder abtropfen zu lassen, sich nicht von den negativen Gefühlen vereinnahmen zu lassen, sondern nach vorne zu schauen, die Situation neu zu bewerten und gute Entscheidungen zu treffen, die dem ursprünglichen Ziel wieder näherkommen.

Jeder Mensch wird sich im Laufe seines Lebens mit größeren oder kleineren Problemen auseinandersetzen müssen. Um diese erfolgreich zu meistern und dementsprechend auch daran zu wachsen, ist genau diese Fähigkeit überlebenswichtig. Doch was benötigen Sie, um resilient durchs Leben zu gehen?

Neben einer lebensbejahenden Haltung ist vor allem ein sicherer Zugang zu den eigenen Ressourcen ausschlaggebend. Nur wer sicher ist, wie er bei einem auftretenden Problem angemessen reagieren muss, wird sich der Situation gewachsen fühlen und das Problem bewältigen können. Um nun hier die richtige Haltung zu erlangen und damit Resilienz zu einer seiner Fähigkeiten zu machen, wollen einige Punkte erfüllt sein, allen voran natürlich die Fähigkeit zur Selbstführung:

- Die richtige Selbstwahrnehmung
- Lebensbejahende Einstellung
- Optimismus
- Empathie
- Selbstbestimmung
- Selbstverantwortung
- Gute Selbstwirksamkeit

Oft finden wir uns in der Situation, zu glauben, dass im Leben und somit auch in der unternehmerischen Tätigkeit kein Platz für Fehler sei. Nur wer immer alles korrekt leistet, kommt weiter, hat mehr Erfolg und erhält dadurch mehr Anerkennung. Diesem Grundsatz folgend neigen Viele dazu, so zu tun, als wären sie fehlerlos. Manche Menschen werden wahre Meister darin, Fehler erfolgreich zu maskieren. Hier ist es an der Zeit umzudenken. Fehlschläge sind hilfreich und fördern aus den schon vorher beschriebenen Gründen die persönliche Weiterentwicklung.

Sie sollten sich vor Augen halten, dass Scheitern zur Selbstreflexion anregt. Wenn eines Ihrer Projekte scheitert oder Ihnen etwas misslingt, werden Sie unweigerlich einem Cocktail an Emotionen ausgesetzt: Wut, Trauer, Enttäuschung spielen dabei gewiss eine Rolle. Diese Emotionen ziehen eine Phase der Selbstreflexion nach sich, die absolut notwendig ist, um in Zukunft erfolgreicher zu sein. Nur wenn Sie beginnen, zu analysieren, weshalb das Projekt nicht so funktioniert hat, wie vorgesehen, können Sie die negativen Gefühle loswerden. Automatisch entwickeln Sie Strategien, die Sie vor einem erneuten Scheitern auf diesem Sektor beschützen. Nur so werden Sie Ihre Stärken und Schwächen besser kennen- und einschätzen lernen.

Zusätzlich werden Sie vielleicht durch Fehler und Misserfolge auch lernen, andere Menschen oder Kollegen um Hilfe zu bitten. Gerade als Führungspersönlichkeit ist es wichtig, zu verinnerlichen, dass Sie nicht alles alleine schaffen müssen und auch gerne Verantwortung abgeben können. Wer versucht, im Alleingang sämtliche Projekte zu meistern, wird früher oder später an seine Grenzen stoßen und vielleicht sogar komplett scheitern.

Doch warum tun sich Menschen manchmal schwer, Verantwortung abzugeben und um Hilfe zu bitten? Dies kann ganz unterschiedliche Gründe haben. Manche sind vielleicht einfach zu stolz, andere wiederum haben Angst davor, Dinge aus der Hand zu geben. Dabei weiß jeder, der schon einmal über seinen eigenen Schatten gesprungen ist, dass dies durchaus bereichernd sein kann.

Fehler zu machen hilft auch dabei, zu erkennen, auf welche Menschen man sich tatsächlich verlassen kann und welche hingegen nur auf der Erfolgswelle mitschwimmen wollen. Wer Erfolge vorweisen kann, hat in der Regel auch eine größere Anzahl angeblicher Freunde – schließlich hofft jeder auf ein Stück des Kuchens. In Krisenzeiten hingegen wird sich die Anzahl an Helfern schlagartig reduzieren. Dies ist eine wunderbare Gelegenheit für uns, Ballast abzuwerfen und nur diese Menschen in unserer Nähe zu behalten, auf die wir wirklich zählen können – die echten Freunde.

Die Devise lautet: immer höher, immer schneller. Viele Menschen verlieren dadurch das, was landläufig als Bodenhaftung bezeichnet wird. Für Körper, Geist und Seele ist ab und an eine gesunde Portion Bodenhaftung notwendig, um die Balance zu halten. Auch hierbei helfen uns die Fehler, die wir machen. Ohne Scheitern ist es oft schwierig, die wichtigen Werte neu zu definieren und damit die eigene Menschlichkeit wieder neu zu gestalten.

Eine weitere positive Tatsache, die Misserfolge mit sich bringen, ist eine gesteigerte Widerstandsfähigkeit. Schon Friedrich Nietzsche formulierte das Prinzip treffend: »Was mich nicht umbringt, macht mich stärker.« In dem Moment, in dem Sie sich dessen bewusst werden, dass Tiefen genauso wie die Höhen zum Leben gehören, werden Sie auch Problemen und Hindernissen ganz anders begegnen als bisher.

Der vielleicht erst zu einem späteren Zeitpunkt gesehene und vielleicht auch vorteilhafteste Gewinn des Scheiterns ist die Möglichkeit eines Neubeginns, eines Neustarts. Ein Fehler bedeutet niemals, dass Sie an der Endstation angekommen sind. Es handelt sich lediglich um eine der vielen Haltestellen im Leben, bei der mehrere Möglichkeiten zur Auswahl stehen. Sie können aussteigen, weiterfahren oder einfach die Strecke ganz neu definieren.

Bereits 1919 beschrieb der deutsche Philosoph Karl Jaspers[15], wie Menschen ständig in Grenzsituationen geraten, die ein komplettes Umdenken ihrer Weltanschauung erfordern. Diese Grenzsituationen werden von den meisten Menschen als Mauer wahrgenommen, hinter der nichts weitergeht. Wenn wir ein Ziel nicht wie geplant erreichen können, sehen wir dies zumeist als Wand. Menschen können aus den unterschiedlichsten Gründen scheitern und Fehler machen. Manche überschätzen sich ganz einfach und verschließen dann die Augen vor der Realität. Andere haben einfach das Pech, ungünstige äußere Umstände gegen sich und ihre Ziele zu haben. Durch die fortschreitende Technologisierung aller unserer Lebensbereiche sind wir noch mehr von äußeren Umständen abhängig, als dies vor hundert Jahren der Fall war, als Jaspers seine Beobachtungen machte.

Doch das große Tabu, mit dem jegliches Scheitern belegt ist, hat sich nicht im Geringsten geändert. Nur hinter vorgehaltener Hand sprechen wir über das, was gegen die gesellschaftlichen Normen verstößt: das Fehlermachen. Nehmen wir beispielsweise den VW-Abgasskandal oder den Dopingfall des Radfahrers Jan Ullrich. Hier hatten die Verantwortlichen allergrößte Mühe, nach langem Hin und Her gemachte Fehler zuzugeben, oder haben es sogar ganz unterlassen. Diese Art von Kommunikation wird den Beteiligten jedoch länger schaden, als dies vermutlich nur aufgrund des Fehlers an sich der Fall gewesen wäre – Jan Ullrich ist schon lange Geschichte.

Bei Resilienz handelt es sich aber nur zum Teil um einen effektiveren Umgang mit Situationen des Scheiterns. Resilient zu sein, bedeutet auch, die Fähigkeit zu haben, sich im Alltag einfach kurzfristig ausklinken zu können, die Batterien schnell wie-

15 Jaspers, Karl: Psychologie der Weltanschauungen, Springer Verlag, 6. Auflage, Berlin 1989.

der aufzuladen und danach bessere Entscheidungen zu treffen, als dies zuvor unter Druck möglich gewesen wäre. Vielleicht haben Sie auch schon einmal bemerkt, dass es sich nach einer kurzen und guten Erholungspause wieder viel leichter und effektiver arbeiten ließ, dass plötzlich ein anderer Blick auf die Situation und damit eine andere Beurteilung möglich wurde. Deshalb ist es ja auch ratsam, auf manche E-Mail nicht augenblicklich zu reagieren, sondern zuerst die eigenen Emotionen unter Kontrolle zu bringen. Diese Fähigkeit, »zurückspringen« zu können, sich eine angemessene Auszeit nehmen können – selbst und gerade wenn es heftig zu brennen scheint –, ist ein Verhalten, das erlernbar ist. Glauben Sie mir, wenn ich Ihnen aus Erfahrung sage: Nach einer Pause ist aus dem Feuer eher ein Fehlalarm geworden oder das, was dort verbrannt ist, hatte letztendlich nur einen sehr geringen Wert auf Ihrem Weg zu Ihrem Ziel.

Resilienz ist erlernbar und es handelt sich dabei nicht um ein Geheimnis, das in verborgenen Logen weitergegeben wird. Ich trainiere und coache diese Fähigkeit seit vielen Jahren und meine Klienten sind immer wieder erstaunt, wie sehr es ihren Alltag erleichtert. Wichtig – wie bei allen Verhaltensänderungen – ist: Bleiben Sie dran! Tag für Tag, Woche für Woche, Jahr für Jahr. Und für jede Fähigkeit gilt: Übung macht den Meister. Wie viele Stunden und Tage hat ein Pianist geübt bis zum ersten Auftritt in der Royal Albert Hall? Mit Begeisterung und »Dranbleiben« werden auch Sie zum Meister auf dem Gebiet der Führung und der Resilienz.

9 Führung beginnt im Zentrum des Unternehmens

In der Regel gibt es einen einzigen zentralen Schlüssel zum Erfolg eines Unternehmens: die Führungskultur. Wir sprechen hier keinesfalls von sachbezogener Führung (sogenanntem Management), sondern in erster Linie von menschlicher Führung. Gerne wird diese mit dem Terminus Leadership umschrieben. Führung ist demnach das Beeinflussen von Verhaltensweisen anderer Personen, die dadurch gewisse Ziele schneller oder effektiver erreichen sollen. Menschen werden also nicht gemanagt, sondern geführt.

Diese Führung findet also im Zentrum des Unternehmens statt und beinhaltet in ihrer Kultur einige Elemente. Wie wird im Unternehmen normalerweise kommuniziert? Wie werden Entscheidungen gefällt? Wie viel Verantwortung obliegt den Mitarbeitern? Und weshalb ist gerade für Ihr Unternehmen die passende Führungskultur so wichtig?

Wer von Führungskultur spricht, meint damit gemeinsame Verhaltensweisen, die innerhalb eines Unternehmens angenommen werden. Einerseits bringt die Führungskultur sichtbare Teile mit sich, wie beispielsweise klar definierte Verantwortungsbereiche, Leitbilder und Ähnliches. Auf der anderen Seite gibt es jedoch auch die nicht sichtbaren Teile der Führungskultur. Diese sind nicht klar festgehalten, werden jedoch praktiziert. Hier kann es im Prinzip um Autoritätskonzepte, Wertansprüche oder auch Haltungen bezüglich der Eigenverantwortung gehen.

Bei allen Faktoren, die in der Führungskultur eine Rolle spielen, gibt es drei, die ganz besonders hervorstechen. Zunächst steht das Entscheidungsverhalten der Führungskräfte im Vordergrund. Außerdem ist das Maß der Eigenverantwortlichkeit, das den Mitarbeitern zugestanden wird, ein zentraler Faktor. Zuletzt bestimmt auch ein gemeinsamer wertbasierter Kommunikationsstil die Führungskultur maßgeblich.

Interessanterweise hat uns gerade der Gründer eines oft auch kontrovers beurteilten Unternehmens bereits in den 1970er-Jahren eine Antwort auf die Frage nach dem besonderen positiven Einfluss von gelebter Führungskultur auf Mitarbeiter und Kunden geliefert. Frederick Smith, Gründer und CEO von FedEx, stellte schon damals ganz klar die Zufriedenheit der Mitarbeiter in den Vordergrund, denn nur zufriedene

Mitarbeiter führen letzten Endes zu zufriedenen Kunden, mit denen der Erfolg eines Unternehmens steht und fällt. Ob nun die Mitarbeiter mit den Unternehmen zufrieden sind, hängt im Wesentlichen von Ihnen als Führungskraft ab, womit wir wieder bei der Führungskultur wären.

Smith führt uns die transformationale Führung vor Augen, bei der es im Grunde genommen darum geht, als Führungskraft eine authentische Vorbildfunktion wahrzunehmen. Nur so können Mitarbeiter Vertrauen fassen und werden motiviert, eigene Verhaltensweisen dementsprechend zu ändern – eine Spirale, die im Zentrum des Unternehmens, genauer gesagt bei Ihnen als Führungskraft, Ihren Ursprung findet.

Im Gegensatz zu diesem Führungsstil steht die transaktionale Führungskultur, bei der – vereinfacht gesagt – Leistung gegen Geld steht. Ein solcher Führungsstil wird bei Erfolgsvergleichen immer den Kürzeren ziehen, da Menschen damit nicht begeistert werden. Gerade Letzteres ist bei jüngeren Generationen jedoch ein absolutes Muss.

Wie sind Sie nun tatsächlich in die Führungskultur involviert? Von Ihnen als Führungskraft wird erwartet, dass Sie passendes Entscheidungsverhalten an den Tag legen. Dies bedeutet in der Praxis, dass Sie sich die nötige Zeit nehmen, um über den besten Weg zum Ziel nachzudenken und anschließend ganz klare Entscheidungen treffen. Wichtig ist, dass Sie zu den Entscheidungen, die Sie getroffen haben, stehen. Nur auf diese Weise können Sie die Führungskultur nachhaltig beeinflussen und nehmen von kurzfristigen Problemüberbrückungen Abstand. Vergessen Sie nicht, hier auch ganz klar festzulegen, inwieweit welcher Mitarbeiter in die Entscheidungsfindung mit einbezogen wird. Auch hier sind Transparenz und Klarheit die wichtigsten Zutaten.

Binden Sie Mitarbeiter in die Entscheidungsfindungen mit ein, so übertragen Sie ihnen einen Teil der Verantwortung, haben aber auch größere Chancen, diese zu motivieren und vorhandene Potenziale besser zu nutzen. Bemerken Sie allerdings, dass der eine oder andere Mitarbeiter mit der von ihm geforderten Verantwortungsübernahme überfordert ist, so geben Sie ruhig eine Richtung vor.

Bei einer kollektiven Entscheidungsfindung sind flache Hierarchien unbedingt von Vorteil. Je komplexer sich die Hierarchien präsentieren, desto unwahrscheinlicher wird es, dass alle notwendigen Beteiligten in die Entscheidung miteinbezogen werden können. Hier kann es nur allzu leicht passieren, dass der eine oder andere teilnehmende Mitarbeiter einfach vor vollendete Tatsachen gestellt wird, und sich nun mit einem Problem konfrontiert sieht, das nicht vorhanden wäre, wenn er auch eine Stimme gehabt hätte.

Hand in Hand mit der kollektiven Entscheidungsfindung geht auch die Übertragung von Verantwortungen auf die Mitarbeiter. Diese werden in der Folge die neuen Handlungsspielräume nutzen, Weiterbildungsinhalte umsetzen, und das Erreichen gemeinsamer Ziele vorantreiben.

9.1 Das innere Feuer in der Führungsebene

Begeisterung ist eine Voraussetzung, um Ziele zu erreichen. Ihre Aufgabe als Führungskraft ist es, Ihre Mitarbeiter für das Unternehmensziel zu begeistern. Dies kann nur dann funktionieren, wenn Sie selbst begeistert sind und mit bestem Beispiel vorangehen. Dies mag nun einfach klingen, ist aber in der Praxis doch öfter etwas verzwickt.

Lernprozesse funktionieren am besten, wenn wir für etwas Freude, Begeisterung oder auch Interesse empfinden. Wir werden etwas, das wir mögen, öfter tun und so automatisch auch verbessern. Wir sind also besonders in den Dingen erfolgreich, die wir gerne machen. Geschafft hat es der, der sein »Hobby zum Beruf gemacht hat«. Aus diesem Grund erwähnte ich an einer anderen Stelle, dass es absolut sinnvoll ist, bereits im Einstellungsprozess die persönlichen Werte und Ziele, das »Warum« des potenziell neuen Mitarbeiters mit den Unternehmenswerten und -zielen abzugleichen.

Um herauszufinden, wofür Sie wirklich brennen und wie Sie in diesem Sektor Erfolge erleben können, können Sie eine ganz klassische SWOT-Analyse verwenden. Analysieren Sie, wo Ihre Stärken liegen und wie Sie diese zur Nutzung Ihrer Chancen nutzen können. Wenn Sie selbst Ihr inneres Feuer gefunden haben und sich wirklich für das begeistern, was Sie tun (oder sollten wir besser sagen: Das tun, für was Sie sich begeistern?), können Sie damit recht einfach die Menschen um sich herum anstecken. Es beginnt eine positiv geprägte Dynamik, die unweigerlich Erfolge mit sich bringt.

Gerade in Zeiten, die von allen möglichen Veränderungen geprägt sind, ist das innere Feuer maßgeblich daran beteiligt, neue Lösungsansätze und Wege zu finden. Um also dieses ansteckende innere Feuer bei sich selbst zu entfachen, müssen Sie zuallererst von der eigenen Vision oder der eigenen Idee überzeugt sein. Andernfalls wird es Ihnen nicht gelingen, Ihr Gegenüber zu überzeugen. Glauben Sie nicht, dass Sie dies maskieren können. Spätestens Ihre Körperhaltung, aber auch Ihre Stimme wird Sie garantiert verraten.

Auch wenn Ihre Vision potenzielle Fehler enthalten könnte und Risiko in sich birgt – gehen Sie das Risiko ein, denn aus Fehlern werden Sie ohnehin wachsen. Zeigen Sie Mut, um Begeisterung transportieren zu können. Natürlich sollen Sie realistisch einschätzen, ob Ihre Vision tatsächlich umsetzbar ist. Wenn Sie wirklich zu hundert Prozent von Ihrer Idee überzeugt sind, werden Sie auch Ihre Mitarbeiter motivieren können, es Ihnen gleich zu tun.

9.2 Notwendige Felder der Aufmerksamkeit

Um Ihre Führungsaufgaben richtig wahrzunehmen, müssen Sie mehrere Felder in den Fokus Ihrer Aufmerksamkeit rücken. Wenn Sie sich auf die folgenden Aspekte einer guten Führung fokussieren, können Sie Ihre Aufgabe ohne Zweifel adäquat gestalten.

Seien Sie sich stets bewusst, dass eine gute Führung zuallererst bei Ihnen selbst beginnt. Sie stehen im Zentrum, von Ihnen selbst geht die Motivations- und Erfolgsspirale aus.

Im nächsten Schritt steht der Mitarbeiter. Sehen Sie immer den Menschen, der hinter diesem Mitarbeiter steckt. Hören Sie zu und versuchen Sie, zu verstehen, wie der Mensch denkt und fühlt. Vom Mitarbeiter aus erweitert sich der Kreis auf das Team, die Organisation, die zu erledigende Aufgabe, die Strategie und am Ende den relevanten Kontext. Hieraus ergibt sich ein einfaches Schema aus sieben Aufgaben, nach dem erfolgreiche Führungskultur funktioniert:

1. Lernen Sie, sich selbst zu führen.
- Führen Sie nun die Mitarbeiter: Wenn Sie sich selbst gut führen, können Sie auch Mitarbeiter führen.
2. Gestalten Sie die Zusammenarbeit entsprechend (Teamebene).

3. Entwickeln Sie die Organisation mit gemeinsam identifizierten Werten, Regeln, Strukturen und Prozessen.
4. Erfüllen Sie die Aufgaben und erreichen Sie damit Ihre Ziele.
5. Stecken Sie den strategischen Rahmen für Ihre Führungsaktivitäten genau ab.
6. Halten Sie Ihr Umfeld immer unter Beobachtung, entdecken Sie relevante Trends und deren Bedeutung für das Erreichen Ihrer Ziele.

9.3 Führungskultur im Wandel

Wie können Sie als Führungskraft am besten im Sinne Ihres Unternehmens und im Interesse der Kunden agieren? Wie groß ist die gesellschaftliche Verantwortung, die Sie als Führungskraft tragen? Mittlerweile ist auch bei den größten Skeptikern die Tatsache angekommen, dass durch das Fortschreiten der Technologie ein Umbruch in der Arbeitswelt stattfindet, der auf vorhandene Strukturen und Abläufe tiefgreifende Auswirkungen hat. Dies beschränkt sich nicht nur auf innerbetriebliche Gewohnheiten, sondern erstreckt sich auch außerhalb der betrieblichen Grenzen.

Gerade im Wettbewerb um die High Potentials, um besonders qualifizierte Mitarbeiter, ist eine kompetente Führung einer der entscheidenden Faktoren. Eine Studie der Bundesanstalt für Arbeitsschutz und Arbeitsmedizin[16] zeigt, dass die meisten Führungskräfte zwar erkennen, dass ein Wandel notwendig ist, gleichzeitig aber nicht wissen, wie dieser Wandel in der Praxis umgesetzt werden soll. Befragt wurden im Zuge der Studie 400 Führungskräfte. Es sollte herausgefunden werden, welche gemeinsamen Muster diese haben, die ihr Handeln im Allgemeinen bestimmt. Untersucht wurde außerdem, welche Herausforderungen diese Führungskräfte in der Zukunft erwartet und wie ihre Führungspraxis in Bezug darauf bewertet wird.

Als Kernaussagen für eine erfolgreiche Führungskultur wurden folgende Merkmale von fast allen Teilnehmern der Studie aufgezählt:

- Flexibilität und Diversität: Hier sahen sich fast alle Teilnehmer bereits auf einem guten Weg. Im Allgemeinen wurde das Fördern von Unterschiedlichkeiten als positive Angelegenheit betrachtet.

16 Führungskultur im Wandel, Bundesanstalt für Arbeitsschutz und Arbeitsmedizin, Berlin, 2012, https://www.inqa.de/SharedDocs/PDFs/DE/Publikationen/fuehrungskultur-im-wandel-monitor.pdf?__blob=publicationFile, abgerufen am 14.4.2020.

- Das wichtigste Ziel war für alle Interviewten die Prozesskompetenz. Gerade in Zeiten, in denen Dinge unvorhersehbare Wendungen nehmen, sind Führungskräfte durchaus bereit, von strikten Planungen abzuweichen und sich stattdessen schrittweise zum Erfolg vorzutasten.
- Als Zukunftsmodell werden in der Regel selbst organisierende Netzwerke gesehen. Die meisten der teilnehmenden Führungskräfte glaubten an die Organisation von Netzwerkstrukturen zur Bewältigung der Herausforderungen der modernen Arbeitswelt. Schlagworte wie Innovation oder Beschleunigung fielen immer im Zusammenhang mit kollektiver Intelligenz.
- Die große Mehrheit der Führungskräfte sprach sich auch dezidiert gegen hierarchisch aufgestelltes Management aus. Komplexität und Dynamik der heutigen Arbeitswelt würden der zukünftigen Arbeitswelt nicht mehr gerecht werden. Die klassische lineare Hierarchie wird sogar zumeist als Gegenteil guter Führung benannt.
- Die meisten der Befragten waren sich auch darüber einig, dass der traditionelle Wettbewerb an seine Grenzen gestoßen ist. Die Idee der Kooperation hingegen wurde als Modell mit Zukunft eingeschätzt. Diejenigen, die immer noch ein auf Profit ausgerichtetes Modell bevorzugen, stellten nicht einmal ein Drittel der teilnehmenden Führungskräfte dar.
- Eines der wichtigsten Werkzeuge für die neue Art von Führung ist das Coaching. Da der Raum hierarchischer Strukturen im Zuge der Digitalisierung, des *New Work* und der agilen Unternehmen schwindet, können auch Anweisungen nicht mehr auf traditionelle Art und Weise durchgesetzt werden. Dinge, wie Einfühlungsvermögen und Reflexion gewinnen hingegen an Bedeutung.
- Darüber, dass Motivation von Selbstbestimmung und Wertschätzung abhängig ist, waren sich alle einig. Autonomie hat den Stellenwert von Statussymbolen längst überholt.
- Auch gesellschaftliche Themen werden für Führungskräfte immer wichtiger. So beschäftigten sich bereits 15 Prozent der teilnehmenden Befragten mit Fragen der gesellschaftlichen Solidarität und der sozialen Verantwortung.
- Interessanterweise waren drei Viertel der interviewten Führungskräfte überzeugt davon, dass Deutschland als Wirtschaftsstandort niemals sein volles Potenzial ausschöpfen kann, wenn nicht eine deutliche Änderung der Führungskultur vonstattengeht. Die Diskrepanz zwischen den Anforderungen an Führungskräfte und der Praxis hat seit den 1950er-Jahren merklich zugenommen.

Zusammenfassend können wir also sagen, dass der Wandel in der Arbeitswelt deutlich wahrgenommen wird und die Anforderungen an die Führungskräfte eine Veränderung durchleben. In der Praxis befinden wir uns jedoch noch weit von dem entfernt, was gefragt ist. Die Kriterien, die für eine gute Führungskultur stehen, sind trotz guter Wirtschaftslage noch nicht einmal zur Hälfte realisiert.

Hier müssen Sie als Führungskraft selbst Veränderungen durchführen, damit Sie den Anschluss an diesen abfahrenden Zug nicht verpassen.

9.4 Welcher Führungstyp sind Sie?

Nicht jeder Mensch fühlt das Führen gleich. Im Prinzip kann zwischen fünf unterschiedlichen Führungstypen unterschieden werden.

- Der Typ des traditionell Fürsorglichen hat seine Stärken darin, Menschen Sicherheit zu geben. Mit natürlicher Autorität und Kompetenz gelingt es ihm, relativ leicht ein persönliches Vorbild für seine Mitarbeiter zu sein und diese dadurch zu motivieren. Da er gerne den Mitarbeitern den Rücken stärkt, kann er mit Loyalität und Zufriedenheit seiner Angestellten rechnen.
- Der zahlenorientierte Typ ist eine Führungskraft, deren besonderes Talent darin liegt, die Mitarbeiter so zu organisieren, dass das Unternehmen maximalen Profit erwirtschaftet.
- Über Freiräume und persönliche Wertschätzung hingegen definiert sich der solidarische Führungstyp. Dieser Typus wird immer dafür sorgen, dass soziale Verantwortung nicht zu kurz kommt und alle Stakeholder optimal balanciert arbeiten können.
- Dezentral organisierte Teams hingegen begleitet der Führungstyp, der auf das Coachen kooperativer Teamarbeit schwört. Flexibel passen sich seine Teams an unterschiedlichste Aufgabenstellungen an. Das gemeinsame Analysieren von Zusammenhängen wird von ihm ebenso unterstützt, wie das Aufspüren von Synergiepotenzialen.
- Der Netzwerker hingegen gibt seinen Mitarbeitern viel Raum für Eigeninitiative und steht für eine Vernetzung aller Stakeholder abseits klassischer Hierarchien. Eine attraktive Vision bietet dabei den Schirm für die unterschiedlichsten Beteiligten.

10 Die resiliente Führungskraft

Ein Schlagwort, das heutzutage im Zusammenhang mit Führungskompetenzen immer wieder auftaucht und bereits schon in Kapitel 8.6 erwähnt wurde, ist *Resilienz*. Doch was genau steckt hinter diesem neudeutschen Begriff? Weshalb kommen manche Menschen mit Veränderungen und Problemen besser zurecht als andere? Wieso schaffen es manche, trotz Stresssituationen ihre Aufgaben zu bewältigen und andere nicht? Woher haben sie die Energie, all dies zu schaffen?

Resiliente Menschen sind widerstandsfähige, flexible und belastbare Zeitgenossen. Resiliente Menschen können nicht nur gut mit Problemen umgehen, sie ziehen auch positiven Nutzen aus diesen.

Nur resiliente Menschen schaffen es beispielsweise, Krisen mit Erfolg zu meistern. Private und berufliche Veränderungen können nur mit einer resilienten Persönlichkeit als Chancen genutzt werden. Wer hier nicht ausreichend widerstandsfähig ist, wird vermutlich leichter an Problemen zerbrechen. Auch zur Erweiterung der persönlichen Komfortzone und dem Erreichen einer inneren Balance ist es durchaus von Vorteil, eine resiliente Persönlichkeit an den Tag zu legen.

Um eine resiliente Persönlichkeit zu sein und zu werden, spielen folgende Faktoren – die erlernbar sind – eine gewichtige Rolle:

- Die Selbstwirksamkeit wird hinterfragt.
- Die Selbst- und Fremdwahrnehmung sind kongruent.
- Soziale Kompetenzen sind vorhanden.
- Lösungsorientiertes Denken wird angewendet.
- Stresssituationen werden schnell aufgelöst.
- Selbstführung wird ständig praktiziert.

Doch wie können Sie genau feststellen, inwieweit Sie tatsächlich eine resiliente Persönlichkeit sind? Ist Ihre Vorstellung von sich selbst eventuell doch eher Wunschdenken als Realität? Sehen Sie sich folgenden Aussagen an und notieren Sie ehrlich, inwieweit diese auf Sie zutreffen.

- Alltägliche Probleme verursachen bei mir keinen Stress.
- Ich achte darauf, dass ich regelmäßig Energie tanke, und weiß genau, wie ich das tun kann.

- Ich bin nicht perfektionistisch veranlagt und stehe mir dadurch nicht selbst im Weg.
- Ich habe kein Problem damit, nein zu sagen.
- Ich weiß genau, wo meine Kompetenzen liegen und nutze diese ganz bewusst.
- Krisenzeiten machen mich nicht nervös.
- Veränderungen und Probleme sehe ich immer als Chance und nutze Sie, um mich weiterzuentwickeln.
- Ich löse Probleme in aller Ruhe und ohne Stress.
- Es stellt kein Problem für mich dar, über Fehler und Scheitern offen zu sprechen.
- Ich kann mich gut in andere hineinversetzen.

Wenn Sie eine resiliente Persönlichkeit sind, sollten Sie allen Aussagen zustimmen können. Treffen mehr als drei dieser Aussagen nicht auf Sie zu, so haben Sie die Möglichkeit, Ihre Fähigkeiten zu verbessern.

10.1 Die sieben Säulen der Resilienz

Das Buch »Der R-Faktor: Das Geheimnis unserer inneren Stärke« von Micheline Rampe aus dem Jahr 2005 hat mittlerweile Kultstatus erreicht und beschreibt die Fähigkeit der Resilienz mit sieben Säulen.

1. **Optimismus:** Ohne Optimismus gelingt es niemandem, eine Krise zu bewältigen. Wir müssen fest daran glauben, dass jede Krise zeitlich begrenzt ist und daher auch überwunden werden kann.
2. **Akzeptanz:** Ein Problem muss erst akzeptiert werden, um es anschließend lösen zu können. Wird dem Fehler oder der Niederlage nicht ins Auge geblickt, so können auch keine weiteren Schritte unternommen werden. Akzeptanz heißt gleichzeitig aber auch, dass Sie bei Veränderungen loslassen können. Ein Ziel ist einfach nicht erreichbar? Verabschieden Sie sich davon und blicken Sie nach vorne.
3. **Lösungsorientierung:** Wer Optimismus und Akzeptanz verinnerlicht hat, der kann in einem nächsten Schritt mögliche Lösungen in Betracht ziehen. Hierbei geht es nicht nur um konkrete Lösungen eines Problems, sondern auch um die Frage, wie mit dem Stress umgegangen wird, der Hand in Hand mit der Krise kommt. Formulieren Sie nicht nur ganz klare Ziele, sondern auch die Wege, wie Sie zu diesen Zielen gelangen.

4. **Die Opferrolle verlassen:** Wir kennen Sie alle, die Patienten, die laut Sigmund Freud[17] einer möglichen Heilung allen nur erdenklichen Widerstand entgegensetzen, da ihnen ansonsten die Leidensgrundlage genommen wird. Es ist nur allzu verführerisch, in der Opferrolle zu verharren. Weiterbringen tut dies allerdings niemanden. Daher gilt es, die Opferrolle so schnell wie möglich zu verlassen, um wieder auf die Füße zu kommen. So sagt es bereits das angeblich von Johann Wolfgang von Goethe stammende Zitat, dass diesem 2005 untergeschoben wurde: »Erfolg hat drei Buchstaben: T-U-N«.
5. **Verantwortung übernehmen:** Zu einer resilienten Persönlichkeit gehört es in jedem Fall, dass Sie Verantwortung für die eigenen Handlungen übernehmen. Sie sollen sich dabei nicht zum Sündenbock machen, aber realistisch die Konsequenzen aus eigenen Fehlern übernehmen.
6. **Netzwerkorientierung:** Um netzwerkorientiert handeln zu können, benötigen Sie ein stabiles soziales Umfeld. Durch aktives Networking können Sie ein solches hegen und pflegen. Durch Fehler können Sie richtige und falsche Teile dieses Netzwerkes identifizieren und eventuell entsprechend reagieren. Durch die Existenz eines entsprechenden sozialen Netzes erhalten Sie einerseits ein Gefühl der inneren Stärke und andererseits kann es in Krisenzeiten unterstützend helfen.
7. **Zukunftsplanung:** Versuchen Sie, aus Fehlern zu lernen und sich gegen zukünftige Wechselfälle durch gute Vorbereitung zu schützen. Lernen Sie, Ihr berufliches Entwicklungspotenzial realistisch einzuschätzen und planen Sie dementsprechend. Entwickeln Sie realistische Visionen und in der Folge Ziele, die zeigen, wie Ihr Leben und Ihre Arbeit in der Zukunft aussehen sollen. Das Ziel soll einerseits mit Ihrer Persönlichkeit vereinbar und andererseits so spezifisch und realistisch wie möglich gehalten sein.

10.2 Resilienz erlernen

Resilienz ist niemals eine angeborene Fähigkeit, sondern wird im Laufe des Lebens erlernt. Die US-amerikanische Entwicklungspsychologin Emmy E. Werner[18] zeigte, dass auch Menschen, die unter schwierigen Lebensbedingungen aufwuchsen, bei

17 Freud, Sigmund: Vorlesungen zur Einführung in die Psychoanalyse – Widerstand und Verdrängung, https://www.projekt-gutenberg.org/freud/vorles1/chap019.html, abgerufen am 13.4.2020.

18 Werner, Emmy: The Children of Kauai. A longitudinal study from the prenatal period to age ten. University of Hawaii Press, 1977.

entsprechenden Einflussfaktoren die gefragten Eigenschaften ohne Probleme ausbilden konnten. Bereits 1955 begann sie ihre Langzeitstudie, die sich mit allen in diesem Jahr auf der Insel Kauai geborenen Kindern beschäftigt. Ein Teil der Kinder, die von der Psychologin bis zu deren 40. Geburtstag begleitet wurden, waren von vorgeburtlichem Stress, Armut, Bildungsmankos oder anderen sozialen Problemen geprägt. Manche hatten mental beeinträchtigte Eltern oder aber Fälle von chronischem Alkoholismus im Haushalt. Viele dieser Kinder entwickelten selbst Probleme, noch bevor sie das Alter von zehn Jahren erreichten. Was Emmy Werner jedoch erstaunte, war die Tatsache, dass etwa ein Drittel dieser Problemkinder im Leben trotzdem sehr erfolgreich wurde. Werner nannte diese Kinder die »verletzlichen, aber unbesiegbaren«. Zu dem Drittel an Problemkindern, die Erfolg im Leben hatten, gesellte sich mit fortschreitendem Alter noch ein weiterer Teil. Viele der Kinder, die im Teenageralter mit Problemen wie Schwangerschaften, Kleinkriminalität oder Ähnlichem konfrontiert wurden, wurden in ihren Dreißigern plötzlich zu ›funktionierenden‹ Erwachsenen.

Auch wenn die Kinder von Kauai von Risikofaktoren umgeben aufwuchsen, so zeigten diese am meisten resiliente Fähigkeiten, die Zugang zu abfedernden Schutzmechanismen hatten. Werner zeigte damit, dass es zwar möglich ist, von Natur aus einer gewisse Resilienz mitzubringen, dass es allerdings niemals zu spät ist, diese auch zu einem späteren Zeitpunkt zu erlernen.

10.2.1 Problemlösung

Doch wie sehen diese Schutzmechanismen aus, die einem Menschen zu mehr Resilienz verhelfen? Und wie können Sie noch im Erwachsenenalter erworben werden? Einerseits zeigt Werner auf, dass die betroffenen Kinder ihre Resilienz durch eine gewisse Argumentationsfähigkeit erwarben. Die Kinder mussten einige Probleme selbst lösen, was ihnen in der Folge Selbstvertrauen bescherte.

Wie sicher sind Sie in Bezug auf Ihre Fähigkeiten zur Problemlösung? Sie fühlen sich gestresst? Sie sind mit diesem Gefühl nicht allein. Die meisten Erwachsenen finden sich unter unterschiedlichen Stresseinflüssen wieder. Schließlich ist unser Leben voll mit Unsicherheiten und Veränderungen. Komplizierte Beziehungen, Termindruck und andere unangenehmen Faktoren tun ihr übriges.

Problemlösungen sind im Prinzip nichts anderes als ein Prozess, der die vermeintlichen Stressfaktoren identifiziert und eine Strategie findet, um mit ihnen umzugehen. Mit ganz einfachen Mitteln können Sie Ihre Problemlösungsfähigkeiten verbessern und so einen Schritt näher zu resilientem Verhalten gelangen.

Bevor Sie ein Problem lösen können, müssen Sie es identifizieren. Nehmen Sie sich Zeit, das Problem zu analysieren und fragen Sie sich anschließend Folgendes:

- Was passiert?
- Wo und wann passiert es?
- Passiert es in bestimmten Situationen oder im Zusammenhang mit bestimmten Menschen?
- Wie fühlen Sie sich dabei?

Versuchen Sie nicht, einen Schuldigen zu finden. Seien Sie konkret und betrachten Sie zunächst das Problem. Nun versuchen Sie, das Ganze von außen oder oben zu betrachten (Metaposition). Ist das Problem tatsächlich so groß? Wird dieses Problem in zwei Jahren noch erwähnenswert sein? Würde das Lösen dieses Problems Ihr Leben verbessern? Können Sie irgendeinen Teil des Problems kontrollieren? Was ist tatsächlich Ihr Ziel und wohin wollen Sie? Fokussieren Sie Ihr Ziel und Sie werden bemerken, dass das Problem an Bedeutung verliert.

Stellen Sie sich vor, Sie sind auf einem Wanderweg von A nach B. Plötzlich verhindert ein riesiger Felsbrocken Ihr Weiterkommen und verhindert damit auch die Sicht auf Ihr Ziel. Ihr Problem steht jetzt im Vordergrund und hat das eigentliche Ziel verdrängt. Eine tiefgehende Analyse – in Unternehmen werden in solchen Situationen gerne Problemlösungsworkshops organisiert – führt meist dazu, dass noch mehr Probleme gefunden werden. Es fehlt an geeigneten Werkzeugen, vielleicht an Sprengstoff, um den Felsen zu zerlegen, es fehlt an geeigneten Schuhen, um den Felsen zu erklettern, vielleicht haben einige Höhenangst und ihnen schwindelt schon beim Gedanken, den Felsen ohne Seile und Sicherung überwinden zu müssen.

Gefragt ist jetzt eine resiliente Haltung, die fragt: Wo wollten wir ursprünglich hin? Gibt es vielleicht noch andere Wege nach B? Damit kann sich der Fokus wieder vom Teleobjektiv auf das Weitwinkelobjektiv öffnen. Wir öffnen wieder den Blick für die Möglichkeiten und Lösungen. Natürlich gibt es jede Menge einfachere Wege um den Felsen herum, einige etwas länger, andere vielleicht sogar noch angenehmer zu gehen oder mit wunderbaren Aussichten auf noch entfernt liegendere Ziele. Einzig der absolute Fokus auf das Problem, der dieses wie bei einem Teleobjektiv vergrößert und oftmals als riesig und unüberwindbar erscheinen lässt, hat das Problem zu einem Problem gemacht.

Konzentrieren Sie sich nur auf die Themen, die Sie tatsächlich ändern können und für die es sich lohnt, Energie zu verwenden. Sprengen Sie den Felsen, wenn Sie Sprengmeister sind, alles Notwendige zur Verfügung steht und der Fels wie im Vorübergehen beseitigt wird. Verwenden Sie Ihre Energie immer auf das Erreichen Ihrer Ziele und nicht auf die genaueste Analyse des Problems. So kommen Sie fokussiert Ihrem Ziel näher. Seien Sie immer Teil der Lösung und niemals ein Teil des Problems.

10.2.2 Emotionaler Support

Emmy Werner stellte in ihrer Studie fest, dass auch die emotionale Unterstützung, die die Kinder von außerhalb der Familie erhielten, eine fundamentale Rolle in der Bildung von Resilienz spielte.

Resiliente Menschen haben zumindest einen Freund oder ein gutes soziales Netzwerk, auf das sie zurückgreifen. Solche Freunde oder Netzwerke fungieren als Anker, der dabei hilft, in den Wirren des Lebens zu überleben.

Wen würden Sie beispielsweise bei einem Autounfall anrufen? Wer würde Ihnen kurzzeitig Geld borgen, wenn Ihr Gehalt zu spät überwiesen wird? Wenn Ihnen hierzu niemand einfällt, ist es an der Zeit, das eigene soziale Netzwerk zu überdenken und neu aufzubauen.

Wem ein gutes soziales Netzwerk fehlt, der riskiert Isolation und Einsamkeit. Da nun außer Frage steht, dass Freundschaften ein wichtiger Faktor auf dem Weg zum resilienten Menschen sind, muss auch darauf geachtet werden, diese entsprechend zu kultivieren.

Das soziale Netzwerk besteht aus Freunden, Familie und Kollegen. Ein soziales Netzwerk an unterstützenden Menschen muss in Zeiten entwickelt werden, in denen nicht darauf zurückgegriffen werden muss. Sie können ein solches Netzwerk also nur aufbauen, wenn Sie nicht unter Stress stehen. In solchen Zeiten gibt es Ihnen die

Sicherheit, Hilfe griffbereit zu haben, wenn Sie diese benötigen. Ihr soziales Netzwerk müssen Sie nicht formal abgrenzen. Es ist völlig ausreichend, wenn Sie mit dem Nachbarn ab und an über den Zaun hinweg ein nettes Gespräch führen, Ihre Geschwister regelmäßig anrufen, mit Ihren Freunden einen Kaffee trinken oder auf ähnliche Art und Weise Ihre Beziehungen pflegen.

Zahlreiche Studien zeigen, dass Menschen, die Ihre sozialen Kontakte nicht pflegen und dadurch vereinsamen, damit auch jede Menge gesundheitlicher Probleme auf den Plan rufen. Psychische Probleme, Probleme mit dem Herz-Kreislauf-System und andere unangenehme Nebenwirkungen sind damit vorprogrammiert. Menschen hingegen, die ein reges Sozialleben pflegen, profitieren in vielfacher Art und Weise davon.

- Stresssituationen können leichter bewältigt werden.
- Emotionaler Stress kann vermindert werden.
- Eine lebenslange gesunde Psyche ist vorprogrammiert.
- Das Selbstbewusstsein wird gestärkt.
- Ein gesunder Lebensstil wird gefördert.
- Herz-Kreislauf-Probleme werden gemindert.

10.2.3 Die innere Kontrolle

Seien Sie sich dessen bewusst, dass Sie Ihr eigenes Leben stets in der Hand haben und durch Ihre Handlungen und Ihr Verhalten direkten Einfluss darauf nehmen. Überlegen Sie sich, wen Sie für Ihre Lebenssituation verantwortlich machen können. Ist es Schicksal, Karma, höhere Gewalt, der falsche oder richtige Moment oder sind es Sie selbst? Sind Sie für Ihr Schicksal verantwortlich oder ist Ihr Schicksal für Sie verantwortlich?

Wer eine starke innere Mitte sein Eigen nennt, der wird vermutlich das Gefühl haben, über alle seine Lebensereignisse die Kontrolle innezuhaben. Solche Menschen sind sehr fokussiert und verfolgen die Ziele, die sie sich gesteckt haben, mit Konzentration. Bei einer guten Führungskraft ist dies eine absolut wünschenswerte Qualität. Allerdings laufen solche Menschen auch Gefahr, auf Außenstehende als arrogant zu wirken. Sie tendieren durch ihren kraftvollen Selbstglauben dazu, andere leicht zu überrollen, um ihre Ziele zu erreichen.

Sollten Sie zu diesen Führungskräften gehören, so machen Sie sich klar, dass Sie nicht alles kontrollieren können. Lernen Sie auch, dass Sie bei eventuellem Scheitern Ihrer Pläne sich dafür verantwortlich fühlen werden – selbst, wenn die Schuld nicht bei Ihnen liegt. In solchen Fällen werden Frustration und Stress Ihr Begleiter sein.

Menschen mit einer moderaten inneren Mitte sehen zwar ihre Zukunft in ihren eigenen Händen, bemühen sich aber gleichzeitig auch um Handlungen, die ihre Situation verbessern. Mit einer moderaten Einstellung wird es Ihnen einfacher fallen, externe Faktoren zu akzeptieren, die Einfluss auf das Erreichen Ihrer Ziele haben.

Zu guter Letzt gibt es auch noch Menschen, die glauben, dass alles, was ihnen passiert, aufgrund von Schicksal, Glück oder gar Karma vonstattengeht oder aber von Führungskräften bestimmt wurde. Solche Menschen geben leicht auf, da sie das Gefühl haben, dass sie ohnehin keinen Einfluss auf das eigene Leben haben können. Achten Sie auf das, was Sie zu sich selbst sagen. Sind Dinge wie »Ich habe keine andere Wahl« und »Da kann ich nichts machen« dabei, sollten Sie umgehend versuchen, die Situation von außen (Metaperspektive) zu betrachten. Damit gewinnen Sie wieder den Weitwinkelblick und Sie werden feststellen, dass Sie zu jeder Zeit eine Wahl haben. Je weitwinkliger Ihr Blick ist, desto mehr Möglichkeiten werden sich ergeben.

10.2.4 Autonomie

Lernen Sie, Aufgaben auch allein zu erfüllen. Emmy Werner stellte fest, dass resiliente Kinder bereits im Krabbelalter versuchten, die Dinge nach ihrem eigenen Geschmack zu bearbeiten. Wie sieht das bei Ihnen aus? Stehen Sie zuversichtlich der Welt gegenüber, verspüren Sie manchmal Unsicherheiten?

Um mehr Sicherheit zu erlangen, stellen Sie sich selbst mehrere kleinere Aufgaben, die Sie allein bewältigen können. Gelingen Ihnen diese, können Sie etwas schwierigere Aufgaben in Angriff nehmen. Dies bedeutet nicht, dass Sie alle Aufgaben allein erledigen müssen, aber es bedeutet, dass Sie selbst die Entscheidung treffen, um Hilfe zu bitten und sich in der Folge damit auch wohlfühlen.

10.2.5 Geselligkeit

Hierbei geht es um die Fähigkeit, von anderen Menschen positive Aufmerksamkeit zu erhalten und diesen in sozial verträglicher Art und Weise darauf zu antworten. In Emmy Werners Studie erhielten mehrere der Kinder die Aufmerksamkeit von Menschen, die ihnen aufgrund ihres liebenswerten Wesens helfen wollten. Aufmerksamkeit verhält sich dabei wie ein Substrat, ohne das menschliches (und anderes) Leben kaum möglich ist. Ohne einen anderen Menschen wäre es vermutlich nicht denkbar, sich selbst als Mensch zu erkennen. Als Substrat lieferte Aufmerksamkeit in Werners Studie die Grundlage für das Wachstum und die positive Entwicklung der Kinder. Geselligkeit ist die Bühne, auf der wir auf uns aufmerksam machen und gleichzeitig ein Feedback geben können. Indem wir Aufmerksamkeit schenken, steigern wir die Chance, selbst Aufmerksamkeit zu bekommen. All das, dem wir unsere Aufmerksamkeit schenken, kann wachsen und uns selbst beim eigenen Wachstum unterstützen.

Wann haben Sie zuletzt Aufmerksamkeit von anderen Menschen bekommen? War es, weil Sie etwas Lustiges taten? Oder war es, weil Sie von Menschen verlangten, etwas so zu tun, wie Sie es wünschten? Positive Geselligkeit lässt sich durch verschiedene kleine Verhaltensweisen beeinflussen. Helfen Sie anderen, lächeln Sie öfter, hören Sie zu. Seien Sie immer offen, auch etwas Neues zu lernen. Achten Sie darauf, ein gutes Teammitglied zu sein und versuchen Sie, sich in andere hineinzuversetzen.

10.2.6 Positive Sicht der Zukunft

Trotz der vielen negativen Aspekte ihres Lebens konnten die resilienten Kinder in Emmy Werners Langzeitstudie immer noch eine positive Zukunftsprognose für sich selbst abgeben. Natürlich war es hilfreich, wenn auch wichtige Erwachsene wie Lehrer oder ältere Geschwister höhere Erwartungen an das Kind stellten. Im Zentrum stand jedoch immer die eigene Erwartungshaltung in Bezug auf die Zukunft.

Was haben Sie für Erwartungen an Ihre eigene Zukunft? Sehen Sie diese positiv? Sieht Ihre Selbstprognose eher düster aus, so versuchen Sie, folgende Idee umzusetzen:

Treffen Sie einen Freund, der Sie gut kennt, und führen Sie ein offenes Gespräch über Ihr Potenzial. Vielleicht sehen Sie sich selbst in einem schlechteren Licht, als dies Ihr Freund tut. Besprechen Sie, woher diese unterschiedlichen Wahrnehmungen kommen können. Alternativ können Sie auch mit einem guten Coach über Ihre Selbsterwartungen sprechen.

10.2.7 Chancen nutzen

Kommen wir wieder zurück zu Emmy Werners Studie. Die Kinder, die nach turbulenten Teenagerjahren doch noch ihren Weg in ein erfolgreiches Leben fanden, waren die, die es schafften, Chancen zu nutzen, die sich ihnen mehr oder weniger zufällig eröffneten. Manche erhielten die Chance auf eine gute Schulbildung, andere fanden einen guten Arbeitsplatz oder eine stabile liebevolle Beziehung.

Achten auch Sie ständig darauf, welche Chancen sich Ihnen im Laufe Ihres Lebens bieten und wie diese Ihre Lebensqualität verbessern könnten. Aus Emmy Werners Studie können wir die Gewissheit mitnehmen, dass Resilienz (und die Schutzmechanismen, die der Resilienz zugrunde liegen) an jedem Punkt des Lebens erlernt werden kann.

Sie als Führungspersönlichkeit können also ohne Weiteres mit gutem Beispiel vorangehen und Ihre Resilienzfähigkeiten stärken. Sehen wir uns zuallererst Ihre persönliche Resilienz an. Sie kennen das Gefühl, im Alltag stets unter Strom zu stehen und trotzdem nicht von der Stelle zu kommen?

Sie führen immer und immer wieder dieselben Diskussionen? Sie fühlen sich fremdbestimmt und unter dem Druck, immer funktionieren zu müssen? Die Lösung zu diesen Problemen liegt direkt vor Ihnen, Sie brauchen nur zuzugreifen.

Überlegen Sie sich, wo genau Ihre persönlichen Ressourcen liegen und wo Sie Ihre Stärken sehen. Erinnern Sie sich an die eine oder andere Situation in Ihrem Leben, in der Sie sich stark und energievoll gefühlt haben, an die eine oder andere Situation, in der Sie fröhlich waren, gelacht haben oder auch mutig waren. Erinnern Sie sich an die eine oder andere Situation, in der Sie etwas Geniales oder scheinbar Unerreichbares erreicht haben. Stellen Sie sich diese Situation wieder vor, so wie sie war, und spüren Sie, wie die Erinnerung an diese Situationen wieder ein ähnliches Gefühl in Ihrem Körper erzeugt, wie Sie vielleicht tatsächlich beginnen zu lächeln, wenn Sie an eine lustige Situation denken. Vielleicht spüren Sie in diesem Moment auch, dass sich Ihr Körper etwas aufrichtet und Sie eine andere Körperhaltung gewinnen. Überlegen Sie sich dann, wie Sie mit Problemen und Konflikten am effizientesten umgehen können. Nutzen Sie die ermittelten Ressourcen gezielt und setzen Sie sich Ziele, die Sie damit vollumfänglich erreichen können. Setzen Sie die Ziele so, wie Sie das auch wirklich möchten, und steigern Sie dadurch Ihre Selbstwirksamkeit und Ihr Selbstvertrauen. Resilienz wird Sie nicht nur beim Erreichen Ihrer Ziele unterstützen, sondern auch vor dem Ausbrennen bewahren.

Das, was wir Gehirn nennen, ist ein Organ, das auf ständiges Wachstum ausgelegt ist, von Geburt an. Dabei geht es nicht um ein Wachstum von Größe und Volumen, sondern um ein Wachstum an Vernetzung durch Synapsenbildung (Lernen!). Als Baby, Kleinkind und Kind bestand unser Alltag tagtäglich aus dem Erweitern und manchmal auch Verlassen der Komfortzone. Wieder einen Schritt über die Linie hinauszugehen und dabei neue Erkenntnisse, neue Wahrnehmungen, neue Gefühle zu entdecken und gleichzeitig festzustellen, dass man es »überlebt« hat, war die Quelle für Wachstum, Selbstbewusstsein und Selbstvertrauen.

Wann haben Sie zuletzt einmal Ihre Komfortzone erweitert oder verlassen? Wann haben Sie zuletzt etwas Neues oder Anderes getan? Beginnen Sie doch einfach einmal damit, im nächsten Meeting auf einem anderen Platz zu sitzen und damit einen anderen Blickwinkel (und auch Hörwinkel) auf das Geschehen zu bekommen. Vielleicht werden Sie bemerken, dass Sie etwas aufmerksamer sind oder dass Sie eine andere Seite an einer Person wahrnehmen.

Burn-outs sind heute keine Seltenheit mehr. Emotionale und psychische Erschöpfung führen zu einer Antriebsschwäche, erhöhter Reizbarkeit und teilweise in die Depression. Depressive Menschen sehen sich selbst und auch neue Erfahrungen durchwegs negativ und bewegen sich so genau im Gegensatz zu den sieben Säulen der resilienten Menschen.

Um Ihre persönliche Resilienz zu steigern, ist es durchaus sinnvoll, sich Ihrer Stärken bewusst zu sein und diese immer wieder weiter zu stärken, Ihre Komfortzone immer wieder zu erweitern und Ihre Handlungsspielräume jedes Mal neu zu definieren. Genau so wichtig ist es jedoch, Ihre eigenen Grenzen zu erkennen und diese auch einzuhalten. Achten Sie darauf, mit dem persönlichen Energiehaushalt umsichtig umzugehen und so eine sichere innere Mitte zu finden. Lassen Sie Ihre Schwächen mehr oder weniger außer Acht – es reicht, wenn Sie diese kennen – und delegieren Sie Aufgaben, denen Sie weniger gewachsen sind, Anderen, die darin stark sind.

In der Vergangenheit, insbesondere in unserer Schulzeit, haben wir diesen Vorgang jedoch genau umgekehrt vermittelt bekommen, was leider einen erheblichen Nachteil unseres Bildungssystems darstellt. In der Schule war es wichtiger, von einer 5 auf eine 4 zu kommen als von einer 2 auf eine 1, weil der Fokus auf die Schwäche gerichtet war. Die natürliche Stärke war ja selbstverständlich. Was jedoch würde mit den jungen – potenzialbehafteten Menschen – passieren, wenn diese sich ausschließlich auf ihre Stärken fokussieren würden? Wie schnell würde aus einer 2 eine 1 plus mit Stern? Und keine Sorge: Die Unzulänglichkeiten des Einzelnen wären trotzdem nicht gravierend. Der Sprachbegabte könnte immer noch alltagstauglich rechnen und der Mathematiker oder Physiker fände Wege, sich im In- und Ausland durchaus verständlich zu machen.

Was die fehlende Resilienz im Beruf betrifft, sollten Sie sowohl bei sich selbst wie auch bei Ihren Mitarbeitern auf auffällige Anzeichen achten. So zeichnen sich erste Anzeichen etwa durch vermehrte Krankheitstage ab. Diese sind nicht nur für das Unternehmen, sondern auch für die betroffenen Arbeitnehmer eine große Belastung. Steigender Druck und sinkende Sicherheit sind die Hauptursachen dafür, dass immer mehr Menschen unter psychischen Problemen leiden, die auf die Dauer zu einem Burn-out führen können. Um dem vorzubeugen, kann gezielt die Schulung von Resilienz genutzt werden. Stärken werden bewusst ausgebaut, Stress reduziert und so wird bei gleichzeitigem Erweitern der Komfortzone das Leistungsvermögen gesteigert.

Sie als Führungskraft haben die Funktion als Schnittstelle zwischen Chefetage und Mitarbeitern inne und müssen sich zwangsläufig mit allen Themen auseinandersetzen, die in diesem Vakuum auflaufen. Gleichzeitig sollen Sie für eine Wahrung der Ziele, Visionen, Werte und Regeln stehen. Seien Sie sich dessen bewusst, dass je transparenter und vertrauenswürdiger Ihr Führungsstil ist, desto höher die Motivation und Leistungsbereitschaft der Mitarbeiter. Für all dies benötigen Sie in erster Linie psychische und soziale Kompetenzen, gekoppelt mit gutem Selbstmanagement. Sie können nur dann effektiv sein, wenn Sie auch in schwierigen Situationen rund um handlungsfähig sind und Ihre Mitarbeiter einerseits gut begleiten und andererseits verstehen.

Als resiliente Führungskraft ist es daher unabdingbar, dass Sie auf Ihre Ressourcen achten und Ihre Leistungsgrenzen kennen. Achten Sie auf Ihren persönlichen Energiehaushalt und tappen Sie nicht in die Burn-out-Falle. Voraussetzung für zuverlässige Leistung ist immer noch Ausgeglichenheit auf allen Ebenen: emotional, mental und körperlich.

Um Resilienz zu erlangen, gilt es, einige Punkte zu hinterfragen. Stecken Sie exakt ab, welche Ressourcen Ihnen zur Verfügung stehen. Sehen Sie, welche Erwartungen mit Ihrer Rolle einhergehen. Prüfen Sie, wie viel Rückendeckung Sie von der Chefetage erwarten können. Verabschieden Sie sich von alten Glaubenssätzen, die da lauten: »Sei perfekt.«, »Erlaube Dir keine Fehler.« oder »Schwäche kannst Du Dir nicht leisten.«. Lernen Sie, Nein zu sagen und rücken Sie immer und immer wieder Ihre Stärken in den Vordergrund. Sind Sie dann zu einer resilienten Führungskraft gewachsen, wird auch der Rest des Unternehmens davon profitieren.

In Resilienz-Trainings werden Möglichkeiten eröffnet, die emotionale Widerstandskraft zu stärken. Simple Strategien können dabei helfen, Emotionen und körperliche Reaktionen entsprechend zu leiten und auch dann gelassen zu bleiben, wenn eigentlich die Wogen hoch gehen. Wer seine Ressourcen und seine Kompetenzen genau kennt, der kann Problemen mit dem Gefühl entgegentreten, sie auch bewältigen zu können. Wer mit Stress richtig umgehen kann, dem schadet er auch nicht. Für jede der sieben Säulen stehen in einschlägigen Trainings und Coachings zahlreiche Übungen zur Verfügung, die helfen, die entsprechende Fähigkeit zu stärken. Gerade für die beiden Punkte Optimismus und Akzeptanz ist es empfehlenswert, an sich zu arbeiten und z. B. ein entsprechendes Training oder Coaching zu besuchen

Akzeptanz: Sie stehen vor einem Problem, das unvermeidbar erscheint. Durch Jammern oder Weinen werden Sie dieses nicht lösen. Rufen Sie sich zuerst Ihre Ziele wieder in Erinnerung und all das, was Sie erreichen wollen. Akzeptieren Sie das Problem, indem sie es von oben betrachten und als lediglich **einen** Weg von vielen identifizieren, der nicht zielführend ist. Finden Sie einen oder besser noch mehrere andere Wege, die begehbar sind, immer in dem Bewusstsein, dass es viele Wege gibt, ›die nach Rom führen‹. Auf diese Weise werden Sie rasch lernen, dass Probleme nur ein Mittel zum Zweck sind – ein Mittel, am daraus Gelernten weiter zu wachsen.

Optimismus: Lernen Sie, hinderliche Glaubenssätze umzuformulieren. Solche Meinungen, die wir aus eigener Erfahrung im Leben mitgenommen oder aber von Dritten übernommen haben, können durchaus hinterfragt werden. Oft stehen diese – meist noch unbewussten Glaubenssätze – Ihren Möglichkeiten und Fähigkeiten im Weg. Indem Sie Glaubenssätze umformulieren, können Sie Ihren Handlungsspielraum erweitern und dementsprechend neue Chancen schaffen. Stellen Sie sich vor, es wird Ihnen eine neue Geschäftsidee im Rahmen des Internets angeboten und Ihr Credo lautete »Damit kann man doch kein Geld verdienen, das ist viel zu einfach.« Werden Sie diese Idee ernsthaft aufgreifen und evaluieren? Wenn Sie den Glaubenssatz jedoch umformulieren in »Das Geld liegt auf der Straße und ich muss es bloß aufheben.«, so sieht die Entscheidung schon ganz anders aus.

Sie können Ihren Optimismus auch so festigen, indem Sie eine Liste mit Ihren eigenen Stärken erstellen und auch Ihre Kollegen und Freunde bitten, es Ihnen gleichzutun. In akuten Krisen können Sie auf diese Liste zurückgreifen und so wieder einen klaren Kopf bekommen, indem Sie sich auf Ihre Möglichkeiten besinnen.

Netzwerkorientierung: Wer hilfsbereit ist, erhält im Idealfall auch Hilfe zurück, wenn sie gebraucht wird. Sammeln Sie solche positiven Punkte auf Ihrem Sozialkonto. Spenden Sie Lob und Anerkennung und Sie können mit Retouren rechnen, wenn Sie es benötigen.

Machen Sie sich auch hier eine Liste der Menschen, auf die Sie in Notfällen zurückgreifen können, sei es privat oder beruflich. Melden Sie sich regelmäßig bei Ihren Netzwerkpartnern, und nicht nur dann, wenn Sie etwas benötigen.

An der Verbesserung Ihrer Resilienz können Sie täglich arbeiten. Sie brauchen damit nicht zu warten, bis die große Katastrophe eintritt. Üben Sie im kleinen Rahmen, wenn Sie sich beispielsweise über ein unfreundliches Telefonat ärgern oder einen kleineren Konflikt am Arbeitsplatz bewältigen müssen. Damit sammeln Sie Strategien für den großen Moment.

Trainieren Sie Ihre Fähigkeiten wie Optimismus oder Akzeptanz. An jeder roten Ampel haben Sie Zeit, sich zu überlegen, wofür im Leben Sie eigentlich dankbar sind oder welchen Grund Sie haben, glücklich zu sein. Im Moment werden Sie vermutlich das Gefühl haben, dass solche Überlegungen nur vorübergehend Ihre Befindlichkeit etwas verbessern. Seien Sie sich jedoch dessen bewusst, dass regelmäßige Momente dieser Art Ihnen mit der Zeit mehr Widerstandskraft zugutekommen lassen werden.

Behalten Sie vor Augen, dass unsere Gedanken für Ablenkungen aller Art stets anfällig sind. Dafür sind nicht immer nur plötzlich eintreffende schlechte Nachrichten nötig. Studien berichten, dass fast 60 Prozent der Menschen am Arbeitsplatz nicht die nötige Aufmerksamkeit aufbringen können. Oft verfangen sich die Gedanken besonders in Krisenzeiten oder angesichts von Problemen in negativen Mustern der Angst oder Hilflosigkeit. Sie als Führungskraft werden nun mit der besonderen Aufgabe betraut, diese negativen Denkmuster zu durchbrechen und die eigene Resilienz aufs Parkett zu bringen. Sie wollen den Blick für die Chancen und Lösungen, die diese Krise in sich birgt, keinesfalls verlieren. Sobald Ihre Perspektive sich verkleinert, können Sie auch zu Ihren Teammitgliedern keine emotionale Verbindung mehr aufrechterhalten und weniger Empathie empfinden. Und genau diese beiden letzten Dinge sind in Problemsituationen gefragt. Sie lernen, Ihre eigenen Gedanken von kontraproduktiven Gedanken abzukoppeln und auf diese Weise ins Gleichgewicht zu finden. Stoppen Sie Ihre negativen Gedanken bewusst, wenn diese sich auf den Weg Richtung Weltuntergang machen. Arbeiten Sie stattdessen bewusst an der Lösung und fokussieren Sie sich auf den Sinn.

Nur in Krisenzeiten zeigt sich, wer eine wahre Führungspersönlichkeit mit ausreichend Resilienz ist. Wenn alles rund läuft, kann jeder mit der Führungsrolle zurechtkommen und das Unternehmen einfach am Laufen halten, die Mitarbeiter zur Produktivität anregen und so die Kunden zufriedenstellen. In Krisenzeiten sieht das Bild jedoch ganz anders aus. Jetzt reichen Durchsetzungsvermögen und Fachwissen bei Weitem nicht mehr aus, um erfolgreich zum Ziel zu gelangen. Jetzt sind Menschen gefragt, die einen guten Blick für das Gesamtbild haben und den anderen Menschen Sicherheit vermitteln können. Ja, es geht darum, Sicherheit zu vermitteln und dies kann nur dann geschehen, wenn man selbst Herr der Dinge ist.

10.3 Umgang mit Konflikten und Spannungen

Wo viele Meinungen aufeinandertreffen, sind auch Spannungen vorprogrammiert. Wir alle streiten auf unsere eigene Art. Wir lernen uns und andere dadurch besser kennen und Gefühle und Wünsche zu artikulieren. Was wir dabei lernen müssen, ist, dies auf eine konstruktive Art und Weise zu tun. Dies kann gelernt werden, wie etwa Lesen und Schreiben. Spannungen müssen bewusst gespürt werden, dann werden Konflikte rechtzeitig erkannt.

Eines gleich vorweg: Nicht jede Spannung ist gleich ein Konflikt. Doch wenn es zwischen Teammitgliedern zu einer Eskalation kommt, müssen Sie als Führungskraft schlichtend einschreiten.

Kippt die Stimmung, so befinden wir uns relativ schnell auf einem verbalen Schlachtfeld, auf dem in der Regel das Recht des Lauteren gilt. Doch wie gehen Sie am besten damit um?

Zuerst müssen Sie den Konflikt überhaupt erkennen. Nicht immer ist dieser von lautstarken Äußerungen begleitet. Es gibt hier auch einige sehr subtile Varianten wie etwa das bewusste Zurückhalten von Informationen oder völlige Nichtbeachtung. Nonverbale Angriffe sind da deutlich schwerer zu erkennen, fallen aber gleichermaßen schwer ins Gewicht.

Solange Sie das Gefühl haben, dass es sich um einen Konflikt auf Augenhöhe handelt, brauchen Sie nicht einzugreifen. Schließlich ist jeder Mitarbeiter an sich konfliktfähig und kann seine Meinung selbst kundtun. Dies ist jedoch nicht die Palette an Gemeinheiten, die das Betriebsklima und damit die Produktivität nachhaltig schädigt. Wird die sachliche Ebene verlassen und auf den persönlichen Bereich zugegriffen, ist eine Grenze überschritten.

Als erstes Einschreiten ist ein deutlicher Stopp angebracht. Es muss signalisiert werden, dass dies nicht die Art von Kommunikation ist, die dem Unternehmen entspricht und diese deshalb auch nicht akzeptiert wird. Nutzen Sie das Überraschungsmoment und fassen Sie die Fakten kurz zusammen. Stellen Sie klar, dass es durchaus sein kann, dass Menschen unterschiedlicher Meinung sind, dass aber trotzdem respektvoll miteinander umgegangen werden muss. In dieser Zeit sollten sich die Streithähne wieder etwas entspannen. Verbirgt sich hinter dem Streit eine fachliche Auseinandersetzung, so kann diese von diesem Punkt aus gut gesteuert werden.

Führen Sie anschließend Konfliktgespräche unter vier Augen, die gerne auch emotional werden dürfen, aber helfen, den Prozess der Selbstreflektion einzuleiten.

Lernen Sie auch, einen Konflikt als Chance zu sehen und diesen konstruktiv zu führen. Denken Sie bei Eskalation eines Konflikts darüber nach, wie der Konflikt begonnen hat. Meist kann nicht mehr genau festgestellt werden, was am Beginn überhaupt zu einer Spannung geführt hat und regen Sie damit die sogenannte Konfliktintelligenz an. Wenn Sie den Konfliktprozess bewusst erleben, sind Sie bereits der, der ihn auch gestaltet. Denn die meisten Menschen wissen gar nicht so recht, was denn der Stein des Anstoßes genau war.

Als Führungskraft gibt es einige Dinge, die Sie bei der Lösung oder Deeskalation von Konflikten unbedingt beachten müssen. Anstatt in Einzelgesprächen Gerüchten auf den Grund zu gehen, sollten Sie die Dinge möglichst offen beim Namen nennen – und dies aus gutem Grund. Stellen Sie sich folgende Situation vor: Teammitglied Müller hat Teammitglied Meyer mit einer Handlung verärgert. Meyer meldet Ihnen diesen Vorfall und Sie bitten Müller zum Gespräch. Natürlich möchten Sie Müller nicht verraten, woher Sie die Information haben. Schließlich soll hinterher zwischen Müller und Meyer kein Streit entstehen, richtig? Weit gefehlt. Mit dieser Art der Heimlichtuerei haben Sie die besten Chancen, paranoide Tendenzen zu entfachen. Der Konflikt hingegen brodelt weiter vor sich hin.

Doch wie hätten Sie in diesem Fall richtig reagiert? In dem Moment, als Meyer mit »Müller hat ...« zu Ihnen kommt, rufen Sie richtigerweise den Beschuldigten dazu. Sie als Führungskraft sollten keinerlei Beschwerden über ein Teammitglied anhören, ohne dass dieses ebenfalls anwesend ist. Alle Beteiligten sollten aktiv zuhören und nach Möglichkeit statt Du-Anklagen Ich-Botschaften senden, ganz nach dem Prinzip der gewaltfreien Kommunikation. Ermahnen Sie also sowohl Müller als auch Meyer, dass für Anschuldigungen kein Platz in diesem Gespräch ist.

Halten Sie sich und den Konfliktbeteiligten vor Augen, dass vermutlich niemand tatsächlich böse Absichten hegt, wenn dies oder das nicht den Erwartungen des anderen entsprechend erledigt wird. Wer sich dessen bewusst ist, hat schon einiges an Konfliktpotenzial aus der Situation genommen.

Während Anschuldigungen unerwünscht sind, so ist sehr wohl Platz für Enttäuschung, Wut oder Ärger. Ihre Aufgabe besteht darin, herauszufinden, was Meyer genau gestört hat und was er sich als Konsequenz erwartet. Achten Sie darauf, dass Sie nicht als Prellbock missbraucht werden und von beiden Seiten den Frust abbekommen. Damit werden Sie den Konflikt niemals lösen. Versuchen Sie hingegen, als eine Art Brückenbauer zu fungieren und zusammen mit den streitenden Parteien ein gemeinsames Ziel zu definieren. In unserem Beispiel könnte dies etwa eine friedliche, produktive Zusammenarbeit von Müller und Meyer sein.

Um herauszufinden, weshalb ein Konflikt entstand, wenden Sie am besten lösungsorientierte Fragen an, die Sie der Antwort näherbringen. Die Fragen sollten weder das Problem noch die Vorwürfe aufgreifen. In diesem Falle wären sie problemorientiert und würden zu nichts führen. Wenn Sie beispielsweise herausfinden möchten, weshalb Müller seinen Teil der Arbeit stets zu spät abliefert, worunter Meyer leidet, so fragen Sie nicht: »Wieso geben Sie Ihre Arbeit nie pünktlich ab?«. Fragen Sie stattdessen: »Wie können wir es schaffen, dass Herr Meyer die Arbeit noch rechtzeitig erhält?«.

Konflikte und Auseinandersetzungen haben durchaus ihre Daseinsberechtigung – darüber sind sich die meisten einig. Reibereien haben eine gewisse Wärme zur Folge, was an sich etwas Gutes ist. Es ist daher sinnlos, Konflikte per se zu vermeiden, um ein persönliches Harmoniebedürfnis zu befriedigen. Sind Meinungsverschiedenheiten in einem Team vorhanden, so sollen diese auch ausgelebt werden, was nicht immer konfliktfrei vonstattengehen kann. Wird alles unter den Teppich gekehrt, sammeln sich unterschwellige Probleme, die eines Tages an die Oberfläche kommen und größere Unruhe stiften.

Unzählige Arten von Konflikten und Spannungen können innerhalb eines Teams entstehen. Arbeitspsychologen haben die wichtigsten Konfliktarten beschrieben und klassifiziert. So gibt es beispielsweise sogenannte Rollenkonflikte zwischen Kollegen und Freunden. Bei Verteilungskonflikten geht es um Dinge wie neue Computer, die eine Abteilung erhält und die andere nicht. Durch Neid oder Missverständnisse können Beziehungskonflikte entstehen. Klassische Bedürfniskonflikte sind ebenfalls häufig zu finden und beinhalten Problematiken wie ein benötigter Urlaubstag, der vom Vorgesetzten nicht bewilligt wird. Zusätzlich werden Konflikte auch durch schlecht definierte Strukturen gefördert. So sind etwa unklare Zuständigkeiten oder Arbeitsabläufe oft verantwortlich für Spannungen.

Im Gegensatz zum Privatleben, wo sich jeder selbst aussuchen kann, mit wem er sich umgibt, ist das am Arbeitsplatz oft nicht der Fall; es sei denn, Sie sind ein agiles Unternehmen, in dem die Teams für die Einstellung neuer Mitarbeiter selbst verantwortlich sind und daher sehr wohl selbst entscheiden, mit wem Sie sich umgeben.

Als Führungskraft benötigen Sie in jedem Fall einen geübten Umgang mit Meinungsverschiedenheiten. Sie benötigen gute Strategien zur Konflikterkennung und -lösung. Je mehr Sie sich mit dem Thema Konflikte und Spannungen beschäftigen, desto leichter wird es Ihnen fallen, solche in konstruktive Gespräche zu überführen. Doch wie erkennen Sie Konflikte?

Hier ist generell anzumerken, dass das Erkennen von Konflikten nicht immer einfach ist, da mehrere Faktoren eine Rolle spielen. Einige allgemeingültige Anzeichen könnten erste Hinweise auf sich aufbauende Konflikte darstellen. Beobachten Sie beispielsweise ein Nachlassen der Produktivität gekoppelt mit Grüppchenbildung, so sollten Ihre Alarmglocken schrillen. Findet nämlich ein Konflikt statt, so geht viel Energie in diesem verloren, die anderweitig fehlt. Achten Sie also besonders auf solche atmosphärischen Störungen.

Versuchen Sie in der Folge stets herauszufinden, worum es in dem Konflikt wirklich geht. Lassen Sie sich nicht von sogenannten Stellvertreterkonflikten ablenken, die den wahren Kern des Problems lediglich maskieren sollen. Um einen Konflikt erfolgreich zu lösen, müssen Sie in jedem Fall eine Win-win-Situation schaffen und es vermeiden, Gewinner und Verlierer zu nominieren. Stellen Sie die gemeinsamen Interessen in den Vordergrund und präsentieren Sie Lösungen, die diesen Interessen entgegenkommen. Achten Sie darauf, dass alle Beteiligten lernen, zuzuhören und auch eine andere Meinung als die eigene zu akzeptieren.

Natürlich gilt es für Sie auch zu beachten, dass es ganz unterschiedliche Konflikttypen gibt. Jeder Mensch reagiert völlig anders in Streitsituationen. Es gibt Menschen, die gehen Konflikten grundsätzlich aus dem Weg und fliehen. Andere wiederum geben sich kämpferisch oder aber passen sich übermäßig an. Dann gibt es noch die sogenannten Konfliktlöser, zu denen Sie als Führungskraft idealerweise gehören. Diese Konflikttypen verhandeln gerne und suchen instinktiv nach Lösungen. Um eine solche zu finden, ist es jedoch wichtig, dass alle Beteiligten des Konflikts an einer Lösung auch tatsächlich interessiert sind.

Sorgen Sie dafür, dass in Ihrem Unternehmen eine entsprechende Konfliktkultur vorherrscht und im Fall von Streitigkeiten auch tatsächlich angewendet wird. In der Praxis sieht dies so aus, dass das Team selbst Regeln vereinbart, die im Fall von Konflikten angewendet werden. Fördern Sie auch eine Teamkultur, in der offen und transparent miteinander kommuniziert wird, und gehen Sie selbst mit bestem Beispiel voran. Halten Sie dafür den persönlichen Kontakt mit allen Teammitgliedern und achten Sie darauf, für deren Probleme immer ein offenes Ohr zu haben. Pflegen Sie gute Gespräche in ruhiger Atmosphäre, etwa im Rahmen von gemeinsamen Freizeitaktivitäten.

10.4 Mut zum Mut

Wer gut führen will, muss mutig führen. Natürlich benötigen Sie auch entsprechende fachliche Kompetenzen, doch dies alleine ist nicht ausreichend. Um Menschen mit Verantwortung zu führen und gleichzeitig vertraulich zu wirken, benötigt es vor allem eine Eigenschaft, die viele der Fähigkeiten resilienter Persönlichkeiten umfasst: Mut.

Gerade heute im Zeitalter der fortschreitenden Digitalisierung hat eines in den meisten Unternehmen zugenommen: Angst. Wir haben Angst vor Veränderung, Angst vor Neuem, Angst vor Fehlern oder Angst vor Zurückweisung und wir stehen uns mit dieser Angst selbst im Weg. Je mehr Ängste wir zulassen, je weniger Mut wir beweisen, desto weiter entfernen wir uns vom Ziel, eine resiliente Führungskraft zu sein.

Sie als Führungskraft müssen tagtäglich Entscheidungen treffen, Ziele definieren und Dinge verändern. Wenn Sie gelernt haben, dass es nicht das Ende der Welt bedeutet, einen Fehler zu machen, so können Sie sich die Freiheit nehmen, einfach zu entscheiden. Verstehen Sie in diesem Zusammenhang bitte, dass die passive Haltung, keine Entscheidung zu treffen, ebenso eine Entscheidung ist! Mut ist, wenn Sie die Wahrheit sagen, ohne Details zu beschönigen oder Teile zu verschweigen. Mit Offenheit gewährleisten Sie, dass sich Ihre Mitarbeiter mit ins Boot genommen fühlen.

Doch wie passen Mut und Angst zusammen? Mut erwächst aus Vertrauen, Vertrauen aus Liebe und Liebe entsteht aus besiegter Angst. Das bedeutet, dass Sie als mutige Führungskraft natürlich auch die Angst kennen. Sie kennen aber bereits den Weg, Gefühle der Angst so umzuwandeln, dass Sie handlungsfähig bleiben. Seien Sie mutig genug, eigene Gedanken in die Welt zu stellen, sich zur Wahrheit zu bekennen und die eigene Unvollkommenheit nicht zu verstecken.

Sie werden bald feststellen, dass ein solches Verhalten Konsequenzen darin zeigen wird, wie andere Menschen Sie wahrnehmen. Mut bringt meist eine positive Ausstrahlung mit sich und wird von anderen Menschen gerne als Vorbild genommen. Als mutige Führungskraft werden Sie vermutlich nicht nur Ihre Mitarbeiter, sondern auch die Chefetage beeindrucken. Um sich im Arbeitsalltag mutig zu zeigen, gibt es mehrere Möglichkeiten:

- Fordern und fördern Sie Ihre Teammitglieder durch neue Erfahrungen und neue Impulse. Haben Sie keine Angst vor Konkurrenz.

- Suchen Sie aktiv das Gespräch mit den Mitarbeitern, lassen Sie sich von diesen auch korrigieren oder umstimmen.
- Geben Sie so oft wie möglich Feedback und Orientierungshilfen.
- Lernen Sie, Probleme beim Namen zu nennen und machen Sie keine Versuche, solche zu beschönigen.
- Begeistern Sie sich für Ihre Ziele und zeigen Sie Ihre Begeisterung.
- Haben Sie keine Angst davor, Ihre Komfortzone zu verlassen.
- Fürchten Sie sich nicht vor kritischen Mitarbeitern. Im Gegenteil, danken Sie diesen für ihren Input und suchen Sie nach gemeinsamen Verbesserungsmöglichkeiten.

Viele Führungskräfte möchten nur ungern Sympathiepunkte einbüßen und gehen daher gerne den Weg des geringsten Widerstands. Ärger steht nicht auf ihrem Lebensplan. Da Menschen wohl allgemein gerne bei allen beliebt sein möchten, haben sie meist nicht den Mut, ihre Meinung oder ihr Anliegen kundzutun. Aus Angst, vielleicht unbeliebt zu werden, belassen sie es gerne bei alten Routinen. In Wahrheit jedoch laufen sie mit solch einem Verhalten Gefahr, als Mensch ohne Rückgrat wahrgenommen zu werden. Achtung und Vertrauen werden ohne Mut nicht zu bekommen sein.

Parallel zur Arbeitswelt ändert sich auch die klassische Rolle der Führungskraft. Heute wollen Menschen in ihrer Arbeit wachsen und etwas mitgestalten. Hierarchische Modelle haben so gut wie ausgedient. Für Sie als Führungskraft bedeutet dies, dass Sie genau den Mut beweisen müssen, den es braucht, um Ihren Mitarbeitern diesen Freiraum zu geben, Verantwortung zu übertragen und eventuelle Fehler in Kauf zu nehmen. Sie bringen den nötigen Mut auf, Teammitgliedern Homeoffice und flexible Arbeitszeiten zuzugestehen, ohne sie ständig kontrollieren zu können. Im Prinzip bedeutet Mut, dass Sie Vertrauen aufbringen. Wenn Sie vertrauen, wird auch Ihnen in der Folge vertraut werden.

In dem Moment, in dem Sie Ihre Befürchtungen überwinden können, beweisen Sie Mut. Um dies zu schaffen, überdenken Sie das eigene Verhalten: Selbstreflexion heißt das Zauberwort. Welche Ängste oder Befürchtungen quälen Sie? Sind sie vielleicht berechtigt oder sind sie aus der Luft gegriffen?

Um dem Drang, sich zurückzuziehen und ängstlich auf Nummer sicher zu gehen, entgegenzuwirken, ist es hilfreich, immer wieder die Metaperspektive einzunehmen. Fehlender Mut ist das Hindernis auf dem Weg zu einem selbstbestimmten Leben.

Auch wenn in der Theorie fast alle Unternehmen den Führungskräften Mut abverlangen, so sieht es in der Praxis oft doch ganz anders aus. Mut und Querdenkerei wird gerade in klassisch konstruierten Unternehmen nicht immer gerne gesehen. Schließlich soll niemand im Meeting kritisch dazwischenfunken oder Risiken eingehen.

Achten Sie darauf, dass in Ihrem Unternehmen einerseits die Feedback-Kultur auch Kritik nach oben zulässt, andererseits auch Fehler nicht bestraft werden. Sie riskieren ansonsten, dass Mitarbeiter keinen Mut beweisen können und in Folge auch keine Vertrauensbasis entstehen kann. Es geht in solchen Unternehmen am Ende meist nur noch um reinen Selbstschutz und Arbeiten »für den Chef« und nicht auf gemeinsame Ziele hin. Doch genauso wie Feigheit, so ist auch Mut ansteckend. Wenn Sie Ihren Mitarbeitern Mut vorleben, werden diese ebenso mutig Ihre Ideen und Visionen einbringen und so für ein Mehr an Produktivität sorgen.

Lernen Sie, mutig zu sein. Entscheiden Sie sich bewusst für mutige Handlungen oder sagen Sie mutig zu etwas Nein. Je mehr mutige Schritte Sie unternehmen, umso stärker geht Ihnen diese Eigenschaft mit der Zeit in Fleisch und Blut über. Kommen Sie mindestens einmal täglich aus der eigenen Komfortzone heraus und machen Sie einfach etwas anders. So erweitern Sie Ihre Komfortzone Tag für Tag, lernen neu und gewinnen an Selbstvertrauen.

Um den eigenen Mut zu stärken, ist es hilfreich, das eigene Verhalten und Denken gut zu verstehen. Gleichzeitig darf aber auch das Umfeld genau angeschaut werden. Wie verhalten sich die anderen gegenüber ihren Teammitgliedern oder Führungskräften? Seien Sie sich aber auch der eigenen Erfolge bewusst und belohnen Sie sich dafür.

Eine weitere Hilfestellung auf dem Weg zum mutigen Menschen ist die freiwillige Übernahme von Verantwortung. Wer Verantwortung übernimmt, geht immer ein Risiko ein, Fehler zu machen und sich eventuell zu blamieren. Vergessen Sie nicht, dass nur derjenige das Vertrauen der anderen gewinnt, der zu seinen Fehlern und zu seinem Wort steht.

Auch in Ihrer Sprache können Sie Mut signalisieren. Vermeiden Sie passive Verbformen und Konjunktive. Versuchen Sie, so klar wie möglich zu sprechen und ausreichend positive Ausdrücke einzubauen.

Wagen Sie den Weg aus der Komfortzone in kleinen Schritten. Sie brauchen nicht gleich mit einem großen Sprung ins kalte Wasser zu hüpfen. Das ist der Unterschied zwischen dem Erweitern der Komfortzone und Komfortzonen verlassenden Aktivitäten. Wenn Sie feststellen, dass Ihnen auch ein kleiner Schritt schwerfällt, versuchen Sie mit jemandem offen darüber zu sprechen. Auch dies ist Mut und ein erster Schritt in die richtige Richtung. Finden Sie einen für sich passenden guten Coach.

Um mutig Handeln zu können, sollten Sie sich auch von Perfektionismus und Selbstzweifeln verabschieden. Vertrauen Sie auf sich selbst und nehmen Sie aus Ihren Fehlern das Wissen mit, das Sie vor zukünftigen Fehlern bewahrt. Nur wem es gelingt, mutig die eigene Meinung zu vertreten, dem wird es auch gelingen, selbstbestimmt zu leben. Nur wer mutig ist, dem werden die Menschen vertrauen. Nur wer mutig ist, kann herausfinden, wo die eigenen Stärken liegen und daran wachsen.

Nachwort

Sie haben längst gespürt, dass in der modernen Arbeitswelt ein Aufbruch stattfindet oder bereits begonnen hat. Traditionelle Arbeitsweisen, Strukturen und Hierarchien, wie wir sie bislang gewohnt waren, werden langsam, aber sicher aufgeweicht und können den neuen Anforderungen nicht mehr standhalten. Menschen haben festgestellt, dass sie ihre persönlichen Ziele nicht mehr hinter die ihres Chefs zurückstellen möchten. Vereinbarkeit von Familie und Beruf heißt das Zauberwort.

Doch was ist mit Ihnen als Führungskraft in diesem neuen Szenario? Wie sieht Ihre neue Rolle aus und wie kommen Sie zur Erfüllung Ihrer Träume? Wer sich selbst ausreichend kennenlernt und es schafft, sein inneres Feuer zu entfachen, der wird auch keine Probleme damit haben, seine Mitarbeiter für die eigene Idee zu begeistern und deren Fähigkeiten für seine Zwecke einzusetzen. Es darf experimentiert werden, denn in der Welt der *New Work* ist die Angst vor Fehlern fehl am Platz. Mut ist gefragt – Mut für Experimente, Mut Neues auszuprobieren, mit agilem ›Rapid prototyping‹ auch einmal schnell innovativ zu sein und damit zu wachsen.

Wenn es Ihnen gelingt, für sich selbst die Fähigkeiten erlangen, die benötigt werden, um als resilienter Mensch zu gelten, können Sie den Schritt in die Welt des agilen Arbeitens ruhigen Gewissens tun. Sie werden schnell feststellen, dass diese neue Art zu Arbeiten für alle Beteiligten eigentlich nur positive Seiten mit sich bringt.

In diesem Sinne: Haben Sie Mut zum Mut!

Der Autor

Holger Deimling ist Kommunikationstrainer, Personalentwickler und Führungskräftecoach. Er hat mehr als 20 Jahre Führungserfahrung in internationalen Konzernen und Unternehmen der IT-Branche und führt seit 12 Jahren Führungskräfte, Unternehmer und Startups durch das von ihm entwickelte Leadership Development Programm.

Feedback